Jürgen Höflinger
Die Brachiopoden des deutschen Malm

Jürgen Höflinger

Die Brachiopoden des deutschen Malm

Bestimmungstipps für Sammler

Bibliografische Information der Deutschen Nationalbibliothek:
Die Deutsche Nationalbibliothek verzeichnet diese Publikation
in der Deutschen Nationalbibliografie; detaillierte bibliografische
Daten sind im Internet über dnb.dnb.de abrufbar.

3. Auflage

© 2018 Jürgen Höflinger

Herstellung und Verlag:

BoD – Books on Demand, Norderstedt

ISBN: 978- 3-74608171-7

INHALT

Vorwort ... 8
Bestimmung ... 11
   Grundbegriffe ... 12
   Umriss ... 13
   Seitenkommissur ... 13
   Frontkommissur ... 14
   Schnabelkrümmung ... 14
   Armgerüst ... 15
Schichtenfolge des Malm ... 17
Lingula ... 18
   Lingula zeta (QUENSTEDT, 1871) ... 18
Discinisca ... 18
Craniscus ... 19
   Craniscus corallina (QUENSTEDT, 1852) ... 19
   Craniscus tripartitus (MUENSTER, 1840) ... 20
   Craniscus bipartitus (MUENSTER, 1837) ... 20
   Craniscus velatus (QUENSTEDT, 1858) ... 21
   Craniscus porosus (MUENSTER) ... 21
Lacunosella (Lacunosella) ... 22
   Lacunosella (L.) lacunosa (SCHLOTHEIM, 1813) ... 22
   Lacunosella (L.) arolica (OPPEL, 1865) ... 22
   Lacunosella (L.) cracoviensis (QUENSTEDT, 1871) ... 24
   Lacunosella (L.) prosimilis (ROLLIER, 1917) ... 25
   Lacunosella (L.) multiplicata (ZIETEN, 1832) ... 27
   Lacunosella (L.) subsimilis (SCHLOTHEIM, 1820) ... 29
   Lacunosella (L.) amstettensis (FRAAS, 1858) ... 30
   Lacunosella (L.) sparsicosta (QUENSTEDT, 1858) ... 31
   Lacunosella (L.) pseudoacuta (ROLLIER, 1917) ... 33
   Lacunosella (L.) sp. ... 34
   Lacunosella (L.) dilatata (ROLLIER, 1917) ... 35
   Lacunosella (L.) polita (ROLLIER, 1917) ... 37
   Lacunosella (L.) silicea (ROLLIER, 1917) ... 38
   Lacunosella (L.) exaltata (ROLLIER, 1917) ... 39
   Lacunosella (L.) trilobataeformis WISNIEWSKA, 1932 ... 40
   Lacunosella (L.) trilobata (ZIETEN, 1832) ... 40
   Lacunosella (L.) vaga (CHILDS, 1969) ... 43
   Lacunosella (L.) visulica (OPPEL, 1866) ... 44
Lacunosella (Dichotomasella) ... 46
Rhynchonelloidella ... 47
   Rhynchonelloidella fuerstenbergensis (QUENSTEDT, 1858) ... 47
Monticlarella ... 47
   Monticlarella strioplicata (QUENSTEDT, 1858) ... 47
   Monticlarella triloboides (QUENSTEDT, 1852) ... 48
   Monticlarella striocincta (QUENSTEDT, 1858) ... 50
Capillirostra ... 51
   Capillirostra finkelsteini (BOESE, 1894) ... 51
Echinirhynchia ... 51

Echinirhynchia senticosa (SCHLOTHEIM, 1820) 51
Septaliphoria 53
   Septaliphoria pinguis (ROEMER, 1836) 53
   Septaliphoria corallina (LEYMERIE, 1846) 55
Somalirhynchia 55
   Somalirhynchia moeschi (HAAS, 1890) 55
Torquirhynchia 56
   Torquirhynchia speciosa (MUENSTER, 1839) 56
Isjuminelina 59
   Isjuminelina pseudodecorata (ROLLIER, 1917) 59
Neothecidella 61
   Neothecidella ulmensis (QUENSTEDT, 1858) 61
   Neothecidella antiqua (MUENSTER in GOLDFUSS, 1840) 61
Parabifolium 62
   Parabifolium priscum PAJAUD, 1966 62
Loboidothyris 63
   Loboidothyris gigas (QUENSTEDT, 1871) 63
   Loboidothyris subselloides WESTPHAL, 1970 65
Colosia 67
   Colosia zieteni (LORIOL, 1876-1878) 67
Dictyothyris 71
   Dictyothyris alba (QUENSTEDT) 71
   Dictyothyris kurri (OPPEL, 1857) 73
Argovithyris 74
   Argovithyris birmensdorfensis (MOESCH, 1867) 74
   Argovithyris baugieri (d'ORBIGNY, 1849) 76
   Argovithyris stockari (MOESCH, 1867) 77
   Argovithyris lucerna (WESTPHAL, 1970) 78
   Argovithyris lucerna var. *globulosa* 79
   Argovithyris bisuffarcinata (SCHLOTHEIM, 1820) 80
Habrobrochus 81
   Habrobrochus subsella (LEYMERIE, 1846) 81
Heterobrochus 85
   Heterobrochus incultus COOPER, 1983 85
Juralina 85
   Juralina insignis (SCHUEBLER in ZIETEN, 1832) 85
   Juralina sp. 88
Placothyris 89
   Placothyris rollieri (HAAS, 1893) 89
Nucleata 91
   Nucleata nucleata (SCHLOTHEIM, 1820) 91
Terebratulina 93
   Terebratulina substriata (SCHLOTHEIM, 1820) 93
   Terebratulina silicea (QUENSTEDT, 1858) 95
Aulacothyris 96
   Aulacothyris impressa (ZIETEN, 1834) 96
Cheirothyris 97
   Cheirothyris fleuriausa (D'ORBIGNY, 1850) 97
Ornithella 98
   Ornithella lampadiformis (ROLLIER, 1919) 98

Ornithella moeschi (MAYER in MOESCH, 1867) 99
Ornithella pentagonalis (BRONN, 1841) 101
Ornithella waageni (ZITTEL, 1870) 102
Ornithella pseudolagenalis (MOESCH, 1867) 103
Zeillerina **104**
  Zeillerina humeralis (ROEMER, 1839) 104
Dictyothyropsis **106**
  Dictyothyropsis loricata (SCHLOTHEIM, 1820) 106
  Dictyothyropsis? guembeli (OPPEL, 1866) 107
  Dictyothyropsis pectunculus (SCHLOTHEIM, 1820) 108
  Dictyothyropsis runcinata (OPPEL & WAAGEN, 1866) 110
Zittelina **111**
  Zittelina orbis (QUENSTEDT, 1858) 111
  Zittelina gutta (QUENSTEDT, 1858) 113
  Zittelina friesenensis (SCHRUEFER, 1863) 114
Ismenia **116**
  Ismenia pectunculoides (SCHLOTHEIM, 1820) 116
  Ismenia recta (QUENSTEDT, 1858) 117
Terebratuliden-Tabelle **118**
Terebratuliden-Schlüssel **119**
Lacunosellen-Tabelle **120**
Lacunosellen-Schlüssel **121**
Zeittafel **122**
Stratigraphie der Fundorte **124**
Systematik **125**
Literatur **127**
Index der Fossilnamen **129**

Vorwort

Die meisten Sammler fangen klein an – ausgenommen natürlich diejenigen, die eine Sammlung geerbt haben. Wie der Name schon sagt, sammeln sie zunächst nur, d.h. sie tragen Stück für Stück Dinge zusammen, die ihnen aus dem einen oder anderen Grund attraktiv erscheinen. Mit zunehmendem Umfang der Sammlung erwächst dann oft ein ernsthaftes Interesse an der Natur der Sammlungstücke. Mit der intensiveren Beschäftigung kommt aber auch sehr schnell die Erkenntnis, dass man die Sammeltätigkeit in Bahnen lenken muss, wenn man noch die Chance wahren will ein tieferes Verständnis für seine Sammlung zu entwickeln und die Sammlung zu einem höheren – wenn auch meist ideellen – Wert zu führen. Man wird also seine Sammlung strukturieren und in der Regel auch begrenzen.

Fossiliensammlungen werden dabei gerne an der Systematik, einem Erdzeitalter oder an einer bestimmten Region ausgerichtet. Mit der gewählten Einschränkung entsteht aber auch sehr schnell der Wunsch innerhalb dieser Grenzen eine Vollständigkeit zu erreichen. Dazu ist es erforderlich zu wissen, was man denn schon hat und was nicht. Die Bestimmung der Fundstücke ist hierzu die unabdingbare Voraussetzung.

An diesem Punkt angekommen beginnt die Suche nach entsprechender Literatur oder anderen Quellen der Erkenntnis. Es werden Bücher und wissenschaftlicher Aufsätze gewälzt, das Internet durchwühlt und erfahrene Sammler konsultiert. So nach und nach wächst das Wissen aber auch die Einsicht, dass die Bestimmung keine in vollem Maße erlernbare Kunst ist, sondern dass man mit wachsender Erfahrung zwar besser aber wohl niemals perfekt werden kann.

Im Falle der Brachiopoden hat das auch gut nachvollziehbare Gründe. Das 19. Jhd. war das Jahrhundert der Naturforscher. Mit enormem Elan wurde in allen Ecken der Welt geforscht, gesammelt und beschrieben. Unzählige Brachiopodenarten wurden aufgestellt und mehr oder weniger gut bebildert und beschrieben. Zunächst unterschied man die Arten ausschließlich nach äußeren Gehäusemerkmalen, die sich oft in den Artnamen widerspiegeln. Die Abbildungen in Veröffentlichungen waren dabei leider nicht immer präzise am Original ausgerichtet, und es wurde auch nicht immer ein sehr typisches Exemplar einer Art ausgewählt, in vielen Fällen aus Mangel einer ausreichenden Anzahl von Fundstücken. Zudem waren die Angaben der Fundschicht und des Fundortes oft vage oder fehlend.

Da man sich aber im Laufe der Zeit auf das Prioritätsprinzip verständigt hat, wird auch heute noch auf diese ganz alten Erstbeschreibungen Bezug genommen und viele der alten Namen bleiben noch gültig und auch in Gebrauch, solange keine wissenschaftliche Revision der Art oder Gattung durchgeführt wurde, die eventuell eine Änderung notwendig machen würde.

Mit fortschreitendem 19. Jhd. wurden nicht nur die Abbildungen originalgetreuer sondern es gewannen insbesondere bei den terebratuliden Brachiopoden die inneren Merkmale des Gehäuses - vorwiegend das Armgerüst - zunehmend an Bedeutung. Sehr ähnliche oder homöomorphe Brachiopoden konnten sich durch deutlich verschiedene Armgerüste unterscheiden. Konsequenterweise wurden etliche neue Brachiopodenarten und –gattungen kreiert. Dieser Trend ist bis heute ungebrochen. Oft werden winzigste Unterschiede im Aufbau des Armgerüsts zum Anlass für die Aufstellung neuer, die Umdefinition alter Arten oder die Änderung der Zuordnung zu Gattungen genommen.

Die Konzentration auf das Armgerüst beschert nicht nur dem Sammler das Problem, dass er kaum die Möglichkeit hat an Hand des Armgerüsts seine Funde zu bestimmen, es hat birgt auch noch eine andere Problematik. Das terebratulide Armgerüst ist eine komplizierte Schleife im Innenraum, die sich bereits in einem frühen Entwicklungsstadium herausbildet. Mit wachsendem Gehäuse wächst dabei auch das Armgerüst. Damit eine kalkige Schleife wachsen kann, sind komplexe Prozesse erforderlich. Es muss an bestimmten Stellen Material abgebaut und an anderen Stellen wieder angebaut werden. Das führt dazu, dass das Armgerüst in verschiedenen Entwicklungsstadien immer etwas unterschiedlich aussehen kann. Wie leicht einzusehen, kann dies leicht zu Fehlinterpretationen führen und wird auch sicher gelegentlich zu unnötigen oder fehlerhaften Artfestlegungen geführt haben.

Neben der Auswertung des Armgerüsts haben im 20. Jhd. aber auch statistische Methoden Einzug gehalten. Dabei wird die Geometrie des Gehäuses möglichst vieler ähnlicher Exemplare eines Fundortes oder einer Fundschicht mit bestimmten Messwerten erfasst und nach unterschiedlichen Gesichtspunkten grafisch aufgetragen. Entstehen dabei deutlich voneinander abweichende Punktwolken, so wird es sich mit großer Wahrscheinlichkeit um verschiedene Arten handeln. Im Zentrum einer Punktwolke kann man auch leicht ein sehr typisches Exemplar einer Population finden und zum Typus einer Art erheben.

Diese Methode ist insbesondere sinnvoll, wenn die Unterschiede im Inneren des Gehäuses gering sind. Dies ist z.B. bei den rhynchonelliden Brachiopoden der Fall. Leider steht diese statistische Untersuchung für viele Malmbrachiopoden noch aus. Gerade die in Deutschland sehr häufigen und weit verbreiteten Vertreter der Gattung Lacunosella sind bislang so gut wie gar nicht statistisch ausgewertet worden.

Da man sich in der Wissenschaft für stratigraphische Zwecke im Wesentlichen auf Ammoniten verständigt hat, die bei wechselnden Umweltbedingungen sehr schnell neue Arten hervorgebracht haben, ist das Interesse der Universitäten an der Fortschreibung und Verbesserung der Brachiopoden-Systematik nicht sehr hoch, um nicht zu sagen äußerst gering und innerhalb der knappen Budgets nur schwer zu begründen. Es besteht deshalb nur wenig Hoffnung, dass in absehbarer Zeit notwendige Revisionen durchgeführt werden.

Natürlich haben sich auch Brachiopoden veränderten Lebensbedingungen anpassen müssen. Heute zu einer Art gezählte Brachiopoden im Malm α gesammelt sehen schon verschieden aus von denen im Malm γ zu findenden. Nur ist es wegen der recht großen Variationsbreite schwierig Kriterien hierfür festzulegen. Dafür sind genau horizontierte Aufsammlungen in größerer Menge und umfangreiche Analysen notwendig. Es bleibt für nachfolgende Generationen also noch viel zu tun. Es kommt deshalb nicht selten vor, dass mangels klarer Kriterien leicht verschiedene Formen zeitlich unterschiedlicher Schichten in eine Art gepresst werden.

Es ist nun nicht so, dass noch gar nicht versucht worden wäre Brachiopoden für stratigraphische Zwecke zu benutzen. In Einzelfällen für bestimmte Schichten und Regionen ist das schon gemacht worden. Allerdings wurden dazu meist sehr geringe Veränderungen der Arten herangezogen, die nicht immer einfach nachzuvollziehen und für uns Sammler in der Regel kaum erkennbar sind. Wir werden deshalb Mut zur Lücke haben müssen und nicht alle jemals beschriebenen Arten berücksichtigen können.

Da auf der eine Seite das Armgerüst als Bestimmungsmerkmal für den Sammler ausfällt auf der anderen Seite gründliche Revisionen auch unter Berücksichtigung statistischer Methoden noch ausstehen, bleibt oft nur der Weg uns an den alten Originalabbildungen und −beschreibungen zu orientieren. Deshalb wurde in diesem Buch versucht zu vielen vorgestellten Arten immer möglichst die erste oder zumindest eine klassische Abbildung zur Orientierung zu bieten.

Jürgen Höflinger

Für die Überlassung von Belegstücken danke ich Dr. Dietmar Greifeneder, Nils Jung, Manuel Pauser, Peter Rümpelein, Stephan von Salviati, Bernd Wegener und Matthias Weißmüller.

Bestimmung

Voraussetzung für die Bestimmung ist, dass

- Fundort und
- Fundschicht

möglichst genau bekannt sind. Dabei ist es nicht immer erforderlich den ganz genauen Horizont zu kennen, da viele Malm-Brachiopodenarten – aus unserer notgedrungen groben Sammlersicht gesehen - „Langläufer" waren, d.h. die Arten haben nur mit geringen Veränderungen eine relativ lange Zeit überdauert.

Will trotzdem eine Zuordnung auf die hier beschriebenen Arten nicht gelingen, ist es hilfreich sogenannte Sammelnamen zu benutzen, die verschiedene nicht so leicht zu trennende Arten zusammenfassen oder auch auf historische nicht mehr gültige und deutlich weiter gefasste Namen als „Notanker" zurück zugreifen. Das ist weniger verwerflich als es sich anhört, denn was eine Art ist und wie sich Arten voneinander unterscheiden ist bei fossilen Lebewesen auch unter Wissenschaftlern durchaus noch nicht ausdiskutiert. Bei heute lebenden Tieren ist damit eine Fortpflanzungsgemeinschaft gemeint. Bei fossilen Tieren ist diese Definition aus naheliegenden Gründen so nicht brauchbar. Einen allgemeingültigen Ersatz gibt es nicht.

Für uns Sammler sollten deshalb verschiedene Arten auch äußerlich möglichst klar unterscheidbar sein. Die wichtigsten äußeren Eigenschaften von Brachiopoden sind dabei:

- Größe
- Umriss
- Gehäusewölbung
- Gehäuseornamentierung (z.B. Rippen, Falten, Stacheln, Anwachslinien)
- Seitenkommissur
- Frontkommissur
- Schnabelform und –stellung
- Stielloch
- Arialkanten

Bei einem zu bestimmenden Brachiopoden sollte man diese Merkmale genau analysieren und festhalten, denn der Vergleich mit Abbildungen ist wegen der Variabilität der Arten nicht immer ausreichend. Man sollte auch die Beschreibung stets mit berücksichtigen. Hier gibt es oft wichtige Hinweise auf ganz spezifische Eigenschaften einer Art oder Gattung.

Da im deutschen Malm bis auf wenige, eher unscheinbare Brachiopoden der Ordnungen Lingulida, Craniida und Thecideida nur Brachiopoden der Ordnungen Rhynchonellida und Terebratulida vorkommen, können wir uns auf die im Folgenden definierten Gehäuseeigenschaften beschränken.

Grundbegriffe

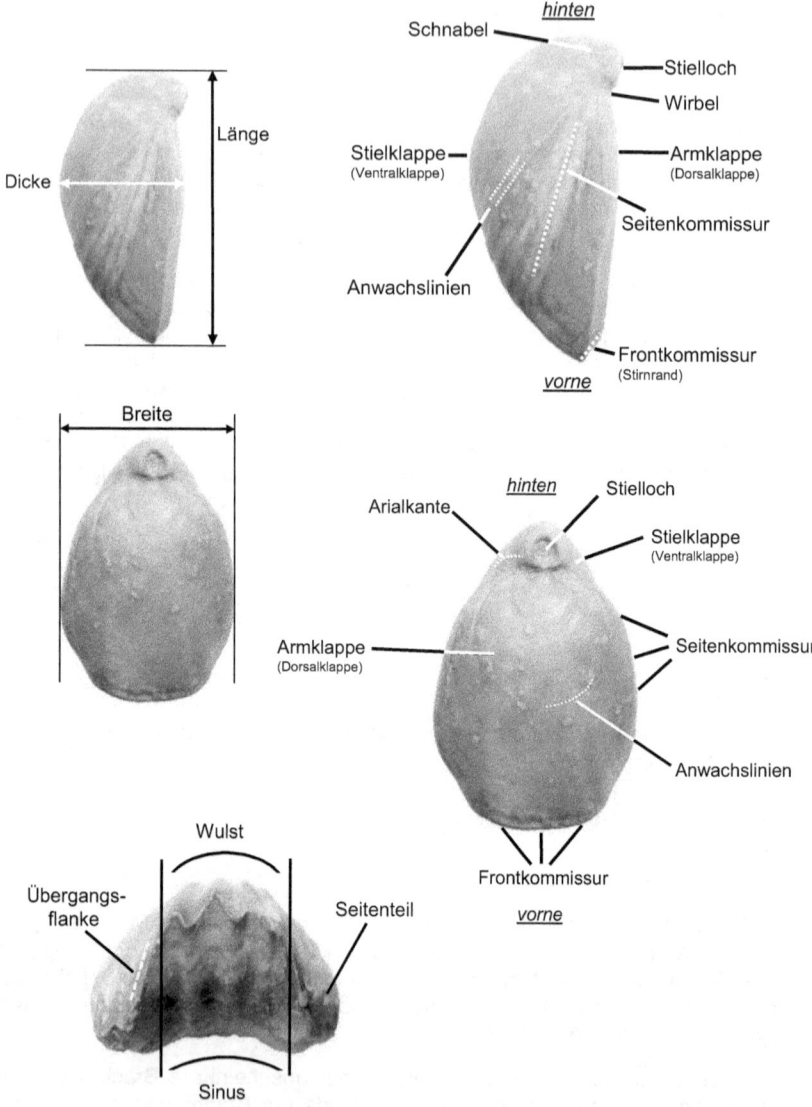

Umriss

Der Umriss ist das Profil des Gehäuses, wenn man auf die Armklappe sieht.

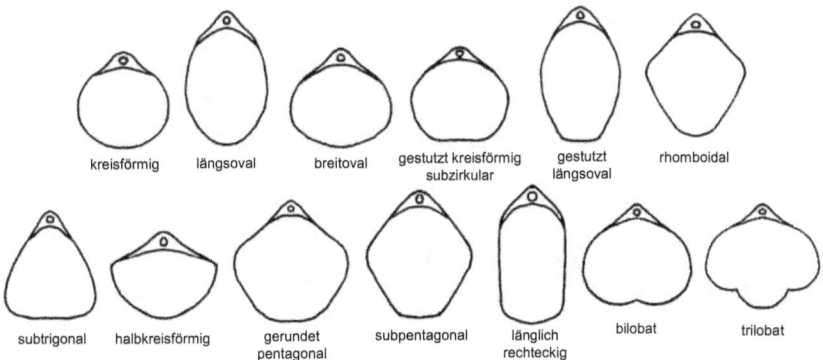

Typische Umrissformen

Seitenkommissur

Die Seitenkommissur ist die Form der Trennlinie der beiden Klappen von der Seite aus gesehen.

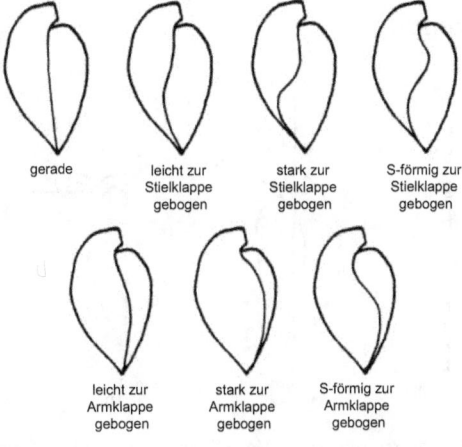

Typische Seitenkommissuren

Frontkommissur

Die Frontkommissur ist die Form des Stirnrandes, die durch die Trennlinie der beiden Klappen gebildet wird, dabei ist das Stielloch stets nach oben gerichtet (Stielklappe unten, Armklappe oben).

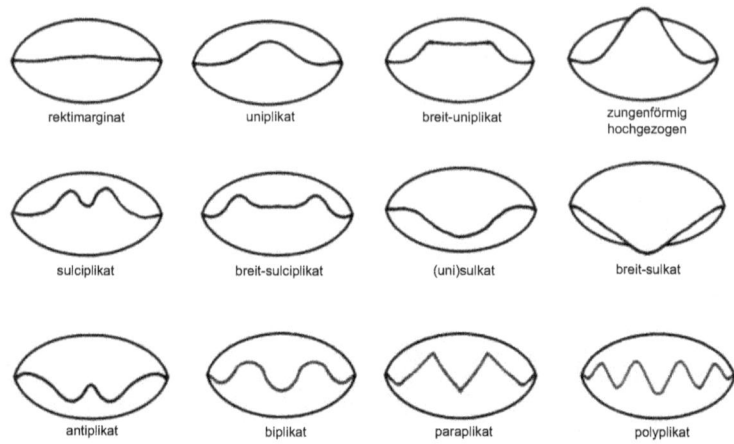

Typische Frontkommissuren

Schnabelkrümmung

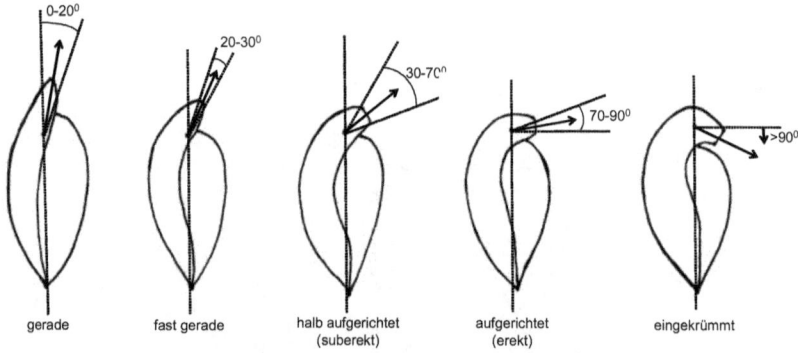

Schnabelkrümmung im Verhältnis zur Seitenkommissur

Armgerüst

Im Innern des Brachiopodengehäuses befindet sich das Armgerüst. Dies ist ein kalkiges, filigranes Skelett, an dem die Weichteile Halt finden, insbesondere die vielen tentakelartigen Fortsätze, mit denen das Wasser zur Ausfilterung der Nahrung herbei gestrudelt wird. Das Armgerüst ist an der Armklappe befestigt, daher der Name dieser Schale.

Bei den Malm-Brachiopoden gibt es zwei Armgerüsttypen: das rhynchonellide und das terebratulide Armgerüst. Die Brachiopoden der Gattungen Lingulida, Craniida und Thecideida bilden kein Armgerüst aus.

Das rhynchonellide Armgerüst besteht im Wesentlichen aus zwei einfachen meist kurzen hakenförmigen Stützen, den Cruren (lat. crus = Schenkel, Bein).

Das terebratulide Armgerüst ist wesentlich eindrucksvoller und bildet eine oft komplex geformte Schleife, die durch den gesamten Innenraum des Gehäuses reichen kann.

Die Unterschiede in der Ausbildung der Armgerüste sind von Gattung zu Gattung und von Art zu Art oft sehr viel größer als die Unterschiede in den äußeren Merkmalen des Gehäuses. Die äußerlich sehr ähnlichen Brachiopoden *Loboidothyris perovalis* und *Monsardithyris ventricosa* aus dem Dogger unterscheiden sich zum Beispiel deutlich durch die Form ihres Armgerüsts.

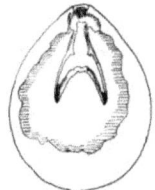 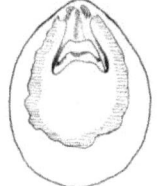

Monsardithyris ventricosa Loboidothyris perovalis

Unterschiedliche Armgerüste bei ähnlichen äußeren Merkmalen

Bei der Definition der Gattungen und Arten und für die Aufstellung von entwicklungsgeschichtlichen Reihen spielt deshalb das Armgerüst eine entscheidende Rolle. Manche Gattungen unterscheiden sich nur in winzigen Details des Armgerüstes.

Leider sehen wir Sammler das Armgerüst nur in ganz seltenen Fällen bei aufgebrochenen Brachiopoden. Und auch in diesen Fällen ist das Armgerüst meist mit Kristallen überwuchert, so dass es für eine Bestimmung nicht taugt.

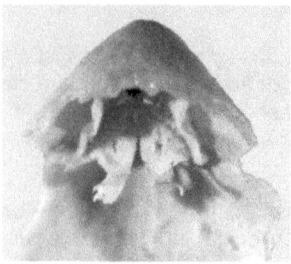 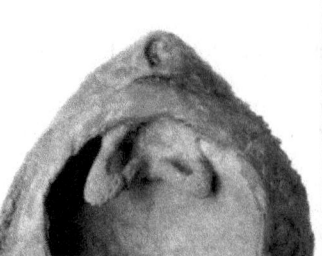 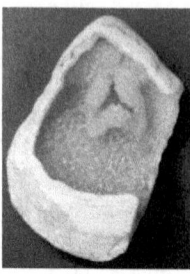

Cruren	terebratulide Schleife	terebratulide Schleife
Lacunosella amstettensis	*Terebratula ampulla*	*Juralina insignis*
(Gräfenberg, Malm, freigeätzt)	(Toscana, Pliozän)	(Saal/Donau, Malm)

Armgerüste von rhynchonelliden und terebratuliden Brachiopoden

Die Wissenschaftler schleifen die Brachiopode Schicht für Schicht ab und nehmen die Spuren des Armgerüsts auf. Am Ende wird das Armgerüst aus den Schleifbildern rekonstruiert. Die Brachiopode ist dann allerdings nur noch ein Häufchen Staub, was für uns Sammler natürlich ein Graus ist. Eine modernere Methode ist die Aufnahme des Armgerüsts mit Hilfe eines speziellen Röntgengerätes. Aber auch das ist nur in wenigen paläontologischen Instituten verfügbar. Wir werden also bei der Bestimmung der Brachiopoden schweren Herzens auf die Analyse des Armgerüsts verzichten müssen.

Schichtenfolge des Malm

Stufe	Unter	Quenstedt	Zone	Lithologie			
Tithon	oberes	ζ	6		versch. Bankkalke (Schichtfazies)		
			5				
			4				
	unteres		3			Platten-kalke	Korallen-riffe (Rifffazies)
Kimmeridge	oberes	ε	2	Zementmergel (Nattheimer Fauna)			
			1				
			2	Ob. Felsenkalke (Massenfazies)			
			1				
	mittleres	δ	4	Unt. Felsenkalke	Schwammriffe/ Massenkalke	Treuchtlingen Formation	
			3				
			2				
			1				
Oxford	unteres	γ	3			geschichtete Kalke (Normalfazies)	
			2	Lacunosa-mergel	Lochen-Schichten / verschwammter Malm (Schwammfazies)		
			1				
	oberes	β		wohlge-schichtete Kalke			
	unteres	α	2	Impressa-Mergel		Oxford Mergel	
			1				

Stark vereinfachte Schichtenfolge des deutschen Malm sowohl mit internationaler Stufengliederung als auch mit der Gliederung nach Quenstedt (Oxford = Oxfordium, Kimmeridge = Kimmeridgium, Tithon = Tithonium/Portlandian) und einigen wichtigen lithologischen Schichtbezeichnungen.

(Details der Korrelation Quenstedt-Gliederung / internationalen Gliederung sind noch umstritten)

Lingula

Lingula zeta (QUENSTEDT, 1871)

Reichweite: Malm ζ.

Fundortbeispiele: Söflingen, Einsingen b. Ulm.

Lingula-Arten kommen im Prinzip im ganzen Malm vor. Die dünnen, flachen Schalen sind allerdings nicht häufig und auch wenig auffällig. Aus diesem Grund finden sie auch nur wenig Beachtung. Zudem ähneln sich die Arten sehr, was eine Bestimmung für den Amateur erschwert. Meist wird man es bei der Bestimmung bei *Lingula sp.* belassen müssen. *Lingula zeta* soll hier nur stellvertretend für die Gattung stehen.

Klein bis mittelgroß (Länge: 10 – 17 mm). Es kommen längsovale aber auch mehr länglich rechteckige Formen vor. Der Vorderrand kann leicht gestutzt sein. Das Gehäuse ist sehr dünn, wobei eine Klappe etwas flacher ist als die andere. Allerdings finden sich fast ausschließlich isolierte Klappen, da diese nur durch flexible Ligamente zusammengehalten wurden. Oft fallen die feinen Schälchen durch ihren Glanz auf. Die Oberfläche trägt konzentrische Anwachslinien in etwas unregelmäßigen Abständen. Der Wirbel ist spitz zulaufend.

L. zeta
Weiss. Jura ζ
Söflingen
(aus QUENSTEDT, 1871)

Lingula zeta
(versch. Formen nach SPATH, 1936)

Discinisca

Syn. *Orbicula*.

Reichweite: Malm α - ζ.

Klein (Länge: 2 – 12 mm). Kreisförmiger Umriss. Sichtbar ist meist nur die kegelhütige Armklappe mit dem mittigen oder auch etwas exzentrisch gelegenen Wirbel. Die flache oder konkave Stielklappe ist auf dem Substrat festgewachsen. Um den Wirbel herum ist die Oberfläche mit kreisförmigen Anwachslinien bedeckt. Die Identifizierung von Discinisca ist zwar einfach, die Unterscheidung einzelner Arten aber schwierig, deshalb sollte man es bei der Bestimmung bei *Discinisca sp.* belassen.

Orbicula ?
weisser Jura
(aus QUENSTEDT, 1871)
= *Discinisca sp*

Craniscus

Craniscus-Arten kommen im ganzen Malm vor, sind aber selten und werden zudem gerne wegen ihrer geringen Größe übersehen. Oft springt auch das Substrat, auf dem sie festgewachsen sind, mehr ins Auge als die unscheinbaren Hütchen dieser kleinen Brachiopoden. Die im Folgenden vorgestellten Formen sind nur als eine Auswahl anzusehen. In der Literatur werden noch einige weitere Arten beschrieben.

Craniscus corallina (QUENSTEDT, 1852)

Syn. *Crania corallina* (der früher gebräuchliche Gattungsname *Crania* wird heute nur noch für Formen der oberen Kreide verwendet), *Craniscus corallinus, Siphonaria corallina*.

Reichweite: Malm β – ζ, vorwiegend jedoch Malm ε – ζ.

Fundortbeispiele: Nattheim, Oerlinger Tal.

Sehr klein (Länge: 4 - 7 mm). Die Oberschale (Armklappe) ist hütchenartig gewölbt, die Unterschale (Stielklappe) flach, dem Untergrund angepasst. Der Umriss ist unregelmäßig kreisförmig bis subquadratisch, hinten etwas abgeflacht. *Craniscus* ist mit der Unterschale ganzflächig auf dem Substrat aufgewachsen. Der Schnabel der Oberschale (die Spitze des Hütchens) sitzt exzentrisch. Die Oberfläche der Oberschale ist mit groben oder auch weniger groben Rippen bestückt. Im Wesentlichen unterscheidet man die verschiedenen *Craniscus*-Arten durch einen Blick in das Innere der Schalen. Die dort befindlichen Septen und die runden Vertiefungen der Muskelansätze sind je nach Art verschieden angeordnet und bilden ein charakteristisches Muster. *C. corallina* besitzt 4 deutliche Muskelfelder. Die Septen sind aber nur andeutungsweise vorhanden.

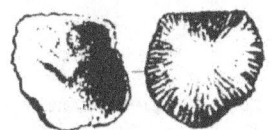

Siphonaria corallina, Nattheim (aus QUENSTEDT, 1852)

Craniscus corallina, Oberschale von außen (links gröbere, rechts feinere Rippen) und innen (nach QUENSTEDT, 1858)

Craniscus tripartitus (MUENSTER, 1840)

tripartitus (lat.) = dreigeteilt.

Syn. *Crania tripartita, Craniscus triparta.*

Reichweite: Malm α – β.

Fundortbeispiele: Thurnau/Oberfranken, Dillberg b. Neumarkt. Selten.

Sehr klein (Länge: 3 - 6 mm). Die Oberschale ist nur leicht gewölbt, die Unterschale flach, dem Untergrund angepasst. Eine Hütchenform ist meist nicht zu erkennen. Der Umriss ist kreisförmig bis subquadratisch, meist etwas unregelmäßig und unsymmetrisch. *C. tripartita* ist mit der Unterschale ganzflächig auf dem Substrat aufgewachsen. Der Schnabel sitzt oft etwas exzentrisch. Die Oberfläche der Oberschale trägt keine Rippen. Bei gut erhaltenen Exemplaren sind feine Anwachslamellen zu sehen. Die Oberschale ist innen ganz typisch durch Septen in 3 Kammern unterteilt. In der hinteren größeren Kammer befinden sich 4 runde Muskelfelder, von denen aber – wenn überhaupt - nur die 2 etwas tieferen zu erkennen sind.

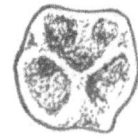 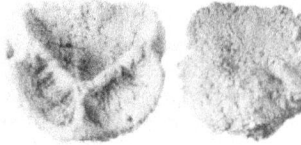

Craniscus tripartitus
Oberschale von innen
(nach KRAWCZYNSKI, 2005)

Craniscus tripartitus, Thurnau, Malm α
(From *Treatise on Invertebrate Paleontology*, courtesy of and ©2000
The Geological Society of America and the University of Kansas)

Craniscus bipartitus (MUENSTER, 1837)

bipartitus (lat.) = zweigeteilt.

Syn. *Crania bipartita, Craniscus bipartita, Crania suevica* (MUENSTER in GOLDFUSS, 1840), *Crania armata, Crania intermedia.*

Reichweite: Malm α – β.

Fundortbeispiele: Lochen, Streitberg, Würgau. Selten.

Sehr klein (Länge: 3 - 6 mm). Gleicht äußerlich *C. tripartita*. Das Innere der Oberschale ist aber nicht in 3 Felder unterteilt. Dafür sind die 4 runden Muskelfelder sehr gut erkennbar.

Craniscus bipartitus, Oberschale von innen (nach KRAWCZYNSKI, 2005)

Craniscus velatus (QUENSTEDT, 1858)

velare (lat.) = verhüllen.
Syn. *Crania velata, Craniscus velata*.
Reichweite: Malm ε - ζ.
Fundortbeispiele: Oerlinger Tal. Selten.
Klein (Länge: 8 – 15 mm). In der Unterschale sind 4 Muskelfelder deutlich erkennbar. Die Septen bilden ein geschwungenes ‚V', was dem Inneren der Unterschale ein eulenähnliches Gesicht verleiht. Die Oberfläche der Oberschale ist sehr fein gestreift bis glatt.

Craniscus velatus, Stielklappe von innen (nach QUENSTEDT, 1858)

Craniscus porosus (MUENSTER)

porosus (lat.) = löchrig.
Syn. *Crania porosa, Craniscus porosa*.
Reichweite: Malm α - γ.
Fundortbeispiele: Lochen, Streitberg.
Klein. Die Schalen haben eine poröse Struktur, daher auch der Name. Die 4 Muskelfelder liegen eng beieinander. Der Rand ist recht breit.

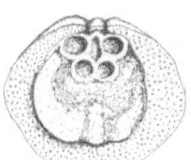

Craniscus porosus, Stielklappe von innen (nach QUENSTEDT, 1858)

Lacunosella (Lacunosella)

Lacunosella (L.) lacunosa (SCHLOTHEIM, 1813)

lacunosus (lat.) = lückenhaft.

Diese Bezeichnung wurde früher für einen großen Teil der Lacunosellen aus den Schwammmergeln des Malm α - δ benutzt Sie war ursprünglich von SCHLOTHEIM sogar noch viel allgemeiner gemeint gewesen und bezog eine Vielzahl von Rhynchonelliden des gesamten Jura und auch noch anderer Erdzeitalter mit ein.

Bei einer umfassenden Bearbeitung dieser Gattung durch WISNIEWSKA 1932 und CHILDS 1969 wurde L. lacunosa nicht mehr berücksichtigt, da die Spezifikation dieser Art unzureichend und zu allgemein war. Es wurden verschiedene neue Arten aufgestellt, die jetzt besser definiert wurden. Leider passen aber viele der Lacunosellen des deutschen Malm nicht in die neuen Artspezifikationen dieser Autoren. Obwohl den Autoren auch Belegstücke aus Deutschland vorlagen, ist die gesamte Formenvielfalt der deutschen Faunen wohl nicht ausreichend abgedeckt worden. Eine Überarbeitung der Gattung Lacunosella unter besonderer Berücksichtigung aller deutschen Formen wäre also sehr wünschenswert. Vor allen Dingen wären aber Untersuchungen mit statistischen Methoden erforderlich um endlich eine gesicherte Artabgrenzung zu erzielen.

Für den Sammler wird deshalb folgendes Vorgehen empfohlen:

Zunächst sollte man versuchen die Funde den nachfolgend beschriebenen Arten zuzuordnen. Sollte das nicht gelingen, was gerade bei mittelgroßen Exemplaren wohl oft der Fall sein wird, so sollte man sich auf L. (L.) dilatata konzentrieren. Diese kommt sehr häufig vor uns ist von sehr durchschnittlichen Aussehen. Damit liegt man nicht so ganz falsch. Es ist aber auch kein Beinbruch als Notanker den eigentlich nicht mehr gebräuchlichen alten Namen L. (L.) lacunosa zu vergeben.

Man kann sich die Bestimmungsarbeit weiterhin erleichtern, wenn man davon ausgeht, dass die meisten an einem Fundort und in einer Schicht gefundenen Lacunosellen sehr wahrscheinlich nur einer oder maximal zwei Arten angehören. So bekommt man auch ein besseres Gespür für die Variabilität einer Art.

Lacunosella (L.) arolica (OPPEL, 1865)

Reichweite: Malm α, vorwiegend in den Birmensdorfer-Schichten und den Tranversarium-Bänken (Malm α1).

Die Typusart von Lacunosella (L.) ist in der Schweiz recht häufig anzutreffen, fehlt aber im deutschen Malm bis auf wenige Fundstellen im südwestdeutschen Raum.

Die Brachiopoden des deutschen Malm 23

Fundortbeispiele: Eichberg, Klettgau, Blumberg.
Mittelgroß - groß (Länge: 20 – 30 mm). Das Gehäuse ist bikonvex, aber relativ flach. Der Umriss ist breitoval oder gerundet pentagonal und neigt bei größeren Exemplaren dazu ein wenig trilobat zu werden. Die Rippen sind kräftig, stumpfkantig und beginnen deutlich sichtbar schon bei den Wirbeln. Sie sind insgesamt etwas unregelmäßig und spalten sich gelegentlich auf. Auch ist das ganze Gehäuse sehr oft etwas asymmetrisch. Typisch ist auch, dass die Rippen zur Mitte hin geneigt sind. Die Frontkommissur ist uniplikat hochgezogen. Auf dem Wulst befinden sich 3 – 5 Rippen. Auf den Flanken links und rechts sind nur noch 2 – 3, selten 4 Rippen (insgesamt nicht mehr als 11 Rippen). Der Wirbel ist sehr niedrig und eingekrümmt, das Stielloch winzig. Von allen Lacunosellen macht *L. (L.) arolica* den gröbsten und kantigsten Eindruck.

Rhynchonella Arolica, OPPEL, Birmensdorferschichten b. Birmensdorf (aus MÖSCH, 1867)

Lacunosella (L.) arolica, Aargau/Schweiz, Malm α (Birmenstorfer-Sch.), L=27mm

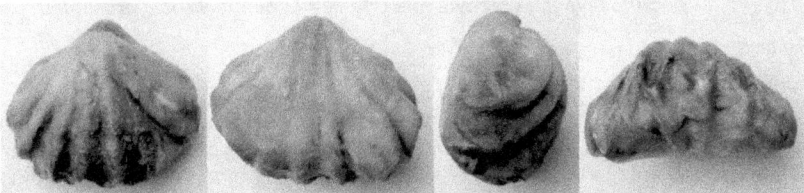

Lacunosella (L.) arolica, Aargau/Schweiz, Malm α (Birmenstorfer-Sch.), L=22mm

Lacunosella (L.) cracoviensis (QUENSTEDT, 1871)

Benannt nach der Stadt Krakau in Polen.

Syn. *Terebratula lacunosa cracoviensis* QUENSTEDT, 1871.

QUENSTEDT hat 1871 den Namen *'lacunosa Cracoviensis'* lediglich für eine aus der Gegend von Krakau stammende, recht grobrippige Form vergeben (siehe Bild a). WISNIEWSKA hat dann 1932 auch etwas vielrippigere Formen aus dem polnischen Malm mit einbezogen. CHILDS hat 1969 auch noch deutsche Formen hinzugerechnet, die aber meist nicht sehr gut zur Beschreibung von WISNIEWSKA passen. Beide Autoren haben zudem eine deutlich verschiedene, vielrippige Form ebenfalls zu *'cracoviensis'* gestellt, die von QUENSTEDT ursprünglich als *'lacunosa subsimilis'* benannt wurde (siehe Bild b). ROLLIER hatte 1917 für diese Form bereits den Namen *'prosimilis'* vorgeschlagen, da er sie für eine separate Art hielt, was gut nachzuvollziehen ist.

In Ermanglung einer gründlicheren, wissenschaftlichen Untersuchung der deutschen Arten wird vorgeschlagen grobrippige und eher symmetrische Formen, die der ursprünglichen Darstellung von QUENSTEDT nahe kommen, als *'cracoviensis'* zu bezeichnen und für die feinrippige und meist asymmetrische Form – abweichend von den beiden Autoren WISNIEWSKA und CHILDS - den Namen von ROLLIER *'prosimilis'* zu benutzen.

(a) *T. lacunosa Cracoviensis*
Coralrag, Przegorzaty, Polen
(aus QUENSTEDT, 1871)
= *Lacunosella (L.) cracoviensis*

(b) *T. lacunosa subsimilis*
Weisser Jura β, Aalen
(aus QUENSTEDT, 1871)
= *Lacunosella (L.) prosimilis*

Reichweite: Malm β – γ.

Fundortbeispiele: Plettenberg bei Balingen, Amberg, Heidenstadt.

Groß (Länge: 25 – 35 mm). Das Gehäuse ist bikonvex. Dabei ist die Stielklappe flacher gewölbt als die Armklappe. Die größte Krümmung der Armklappe liegt im hinteren Schalenteil in der Nähe des Wirbels. Sie hat einen gerundet pentagonalen oder subpentagonalen Umriss und ist oft leicht trilobat durch eine leicht vorgezogene Mittelpartie. Die Oberfläche ist mit 17 - 25 kräftigen Rippen bestückt. Sie beginnen bei den Wirbeln und vermehren sich gelegentlich im Laufe des Wachstums. Anwachslinien werden zur Front hin deutlicher. Die Seitenkommissur ist stark zur Stielklappe gebogen, die Frontkommissur deutlich uniplikat und nicht selten asymmetrisch. Auf dem breiten Wulst sind gewöhnlich 6 – 9 Rippen. In der Stielklappe bildet sich ein breiter, in der Mitte abgeflachter Sinus. Der halb aufgerichtete Schnabel ist hoch und an den Seiten etwas eingeschnürt. Das kleine Stielloch kann rund oder oval sein.

Lacunosella (L.) cracoviensis, Bydgoszcz, Polen, Kimmeridge, L=33mm

Lacunosella (L.) prosimilis (ROLLIER, 1917)

pro (lat.) = für, anstelle von; similis (lat.) = ähnlich.

Syn. *Rhynchonella prosimilis* ROLLIER, *Terebratula lacunosa subsimilis*.

Reichweite: Malm β – γ.

Fundortbeispiele: Friesenwarte bei Kälberberg, Würgau, Spielberg/Hahnenkamm, Heidenheim/Weißenburg, Hesselberg, Burgsalach-Indernbuch, Aalen.

Mittelgroß bis groß (Länge: 20 – 35 mm). Das Gehäuse ist bikonvex. Dabei ist die Stielklappe aber deutlich flacher gewölbt als die Armklappe. Die größte Krümmung der Armklappe liegt im hinteren Schalenteil in der Nähe des Wirbels. Sie hat einen gerundet pentagonalen oder subpentagonalen Umriss und ist in der Regel leicht trilobat. Durch nicht selten auftretende Asymmetrie des Gehäuses kann aber der rechte (oder auch der linke) Flügel verschwinden, so dass der Umriss asymmetrisch bilobat wird. Die Oberfläche ist mit vielen, vergleichsweise feinen Rippen bestückt. Sie beginnen bei den Wirbeln und gabeln sich besonders im ersten Drittel ausgewachsener Gehäuse, so dass sie sich im Laufe des Wachstums fast verdoppeln. An der Front zählt man ca. 30 – 50 Rippen. Anwachslinien sind selten und werden erst zur Front hin etwas deutlicher. Die Frontkommissur ist deutlich uniplikat und meist asymmetrisch. Auf dem breiten Wulst sind 10 und mehr Rippen. In der Stielklappe bildet sich ein breiter, in der Mitte abgeflachter Sinus. Der halb aufgerichtete Schnabel ist hoch und an den Seiten etwas eingeschnürt. Das Stielloch kann rund oder oval sein.

Empfehlung zur Unterscheidung von der ebenfalls sehr vielrippigen *L. (L.) subsimilis*:

- abgegrenzter Wulst → *Lacunosella (L.) prosimilis*
- kein abgegrenzter Wulst → *Lacunosella (L.) subsimilis*

Lacunosella (L.) prosimilis, Friesenwarte bei Kälberberg, Malm γ, L=28mm

Lacunosella (L.) prosimilis, Lochen, Malm β, L=32mm (Slg. NHG-Nürnberg)

schwäb. Alb, L=34mm

Lacunosella (L.) prosimilis
Frankenjura, L=28mm

Würgau, Malm γ

Da viele Merkmale von *prosimilis* mit *multiplicata* übereinstimmen und sie gelegentlich auch an am selben Fundort anzutreffen sind, könnte es sich auch nur um eine besonders feinrippige Variante von *multiplicata* handeln.

Lacunosella (L.) multiplicata (ZIETEN, 1832)

multiplicatus (lat.) = vielfach gefaltet (auf die Zahl der Rippen bezogen).

Syn. *Rhynchonella moeschi* ROLLIER, *Terebratula lacunosa multiplicata*, *Terebratula rostrata* ZIETEN, *Terebratula helvetica* ZIETEN, *Rhynchonella multicostata* QUENSTEDT, *Lacunosella lacunosa* (SCHLOTHEIM, 1864).

Reichweite: Malm γ - δ.

Fundortbeispiele: Donzdorf/schwäb. Alb, Thieringen, Lochen bei Balingen, Laibarös/Frankenalb, Regensberg bei Forchheim, Plettenberg bei Balingen, Friesenwarte bei Kälberberg, Bechtal bei Reutlingen, Böttingen/schwäb. Alb, Steige bei Weißenstein, Ebingen, Burgsalach-Indernbuch.

Groß (Länge: 25 – 35 mm). Das bikonvexe Gehäuse variiert in der Dicke. Juvenile Exemplare haben häufig recht flache Gehäuse. Der Umriss ist oft leicht trilobat, bei asymmetrischen Gehäusen bilobat werdend (Bem.: In den ursprünglichen Abbildungen von ZIETEN ist allerdings keine Lobation zu erkennen). Die Oberfläche ist mit zahlreichen, oft sogar sehr eng stehenden Rippen besetzt, wovon sich 6 oder mehr (8 – 9 sagt ZIETEN) auf dem Wulst befinden. Die Seitenkommissur biegt sich sehr stark zur Stielklappe. Die Frontkommissur ist uniplikat, mal schön bogenförmig geschwungen mal asymmetrisch verzogen. Der Schnabel ist aufgerichtet.

L. multiplicata soll nur ganz selten mit *L. sparsicosta* zusammen vorkommen. Die großen, vielrippigen Formen, die mit zusammen mit *L. sparsicosta* vorkommen, gehören in der Regel zu *L. visulica* oder zu *L. dilatata*.

Solange keine gründliche Untersuchung und Abgrenzung der deutschen *Lacunosella*-Arten vorliegt, ist es aber durchaus akzeptabel vielrippige Formen mit *L. (L.) multiplicata* oder *L. (L.) prosimilis* zu benennen, wenn sie anderen Arten nicht eindeutig zugeordnet werden können.

Empfehlung:

- bis 9 Rippen auf dem Wulst → *Lacunosella (L.) multiplicata*
- mehr als 9 Rippen auf dem Wulst → *Lacunosella (L.) prosimilis*

Terebratula multiplicata, nobis (aus ZIETEN, 1832)

Terebratula rostrata, Sowerby (aus ZIETEN, 1832)

Terebratula helvetica, Schlotheim (aus ZIETEN, 1832)

T. lacunosa multiplicata
Malm γ, Weißenstein
(aus QUENSTEDT, 1858)

T. lacunosa multiplicata
Malm γ, Ebingen
(aus QUENSTEDT, 1871)

Lacunosella (L.) multiplicata, Böttingen, Malm γ, L=27mm

Lacunosella (L.) multiplicata, Friesenwarte/Kälberberg, Malm γ, L=27mm

Lacunosella (L.) multiplicata, Gr. Heuberg b. Böttingen, Malm γ, L=26mm

Lacunosella (L.) multiplicata, Gr. Heuberg b. Böttingen, Malm γ, L=30mm

Lacunosella (L.) multiplicata, Gosbach, Malm γ, L=30mm

Lacunosella (L.) subsimilis (SCHLOTHEIM, 1820)

subsimilis (lat.) = in etwa gleich.

Reichweite: Malm α - ε.

Fundortbeispiele: Heidenstadt, Amberg.

Mittelgroß (Länge: 20 - 25 mm). Eine nicht sehr dicke, breitovale Art, die gut identifizierbar ist durch die große Anzahl sehr feiner Rippen (35 – 50). Die Front wölbt sich sehr schön bogenförmig uniplikat. Die Rippen auf dem kaum ausgeprägten Wulst unterscheiden sich kaum von den Rippen auf den Seitenteilen. Sie sind auch nicht durch rippenfreie Übergangsflanken voneinander abgetrennt. Über die geografische und die stratigrafische Verbreitung ist nicht viel bekannt.

Rhynchonella subsimilis, Schlotheim sp. Sequanian, Randen (aus HAAS, 1891)

Lacunosella (L.) subsimilis, Frankenjura, L=24mm (Slg. NHG-Nürnberg)

Lacunosella (L.) amstettensis (FRAAS, 1858)

Benannt nach der Typlokalität Amstetten bei Ulm.

Reichweite: Malm δ.

Fundortbeispiele: Amstetten, südliches Baden (Wettinger-Schichten), Gräfenberg, Oberlangheim.

Mittelgroß (Länge: 20 – 25 mm). Unterscheidet sich nur geringfügig von anderen *Lacunosella*-Arten. Kräftig bikonvex, kreisförmiger oder gelegentlich auch breitovaler Umriss. Gleicht sehr stark *L. vaga*, die ebenfalls im Malm δ vorkommt und vielleicht sogar mit *L. amstettensis* identisch ist. Vielrippige und breite Varianten haben wohl auch schon Merkmale von *T. speciosa*, die vereinzelt in denselben Schichten auftritt. Die nicht sehr hohen Rippen reichen bis zu den Wirbeln, 6 – 8 Rippen befinden sich auf dem Wulst. Der Name sollte nur für Formen aus dem Malm δ verwendet werden, auch wenn ein Vorkommen im Malm γ und ε nicht ausgeschlossen werden kann

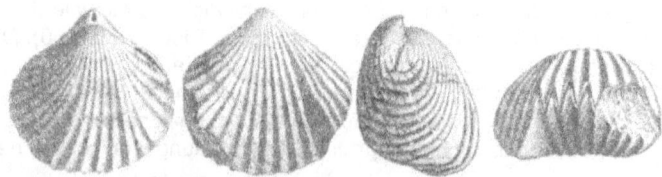

Rhynchonella Amstettensis, O. Fraas sp. Malm „δ", Quenstedt, Verkieselt, von Amstetten bei Ulm a. D. (aus HAAS, 1891)

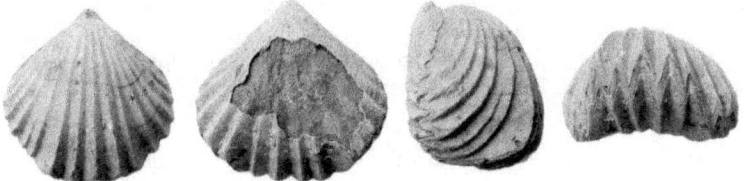

Lacunosella (L.) amstettensis, verkieselt, Gräfenberg, Malm δ, L=23mm

Lacunosella (L.) amstettensis, verkieselt, Gräfenberg, Malm δ, L=20mm

Lacunosella (L.) amstettensis, verkieselt, Gräfenberg, Malm δ, L=21mm

Lacunosella (L.) sparsicosta (QUENSTEDT, 1858)

sparsus (lat.) = zerstreut; costa (lat.) = Rippe (vereinzelte Rippen)

Syn. *Rhynchonella sparsicosta* OPPEL, *Lacunosella lacunosa* (SCHLOTHEIM, 1864), *Terebratula lacunosa sparsicosta* QUENSTEDT.

Reichweite: Malm γ.

Fundortbeispiele: Laibarös/Frankenalb, Böttingen/Heuberg im Lkr. Tuttlingen, Plettenberg bei Balingen, Lochen bei Balingen, Geisingen bei Donaueschingen, Käsbühl bei Bopfingen, Barrenberg.

Mittelgroß (Länge: 15 – 22 mm), damit eine der kleineren *Lacunosella*-Arten. Das Gehäuse ist bikonvex, wobei die Armklappe erheblich stärker gewölbt ist. Sie hat einen subpentagonalen bis gerundet pentagonalen Umriss mit stark gerundeten ‚Wangen'. Die Schale ist nur mit 6 – 8 Rippen bestückt, wovon 2 – 4 auf dem Sattel liegen (am häufigsten sind 3 Rippen). Die Rippen auf den Seitenteilen sind wellig flach, oft kaum wahrnehmbar. Die Rippen reichen nicht bis zu den Wirbeln, die Mittelrippen etwas weiter, die Seitenrippen etwas weniger weit. Der hintere

Schalenbereich ist glatt. Die Front ist deutlich uniplikat gefaltet, oft sogar zungenförmig hochgezogen. Die Flanken des Sinus und des Wulstes der Armklappe sind entsprechend lang und glatt. Der Schnabel ist halb aufgerichtet und an den Flanken eingeschnürt, das Stielloch sehr klein. Bei juvenilen Exemplaren wirkt der Schnabel überproportional groß.

L. sparsicosta kommt nur ganz selten mit *L. multiplicata* zusammen vor.

Ter. lacunosa sparsicosta, Weiß. γ, Thieringen (aus QUENSTEDT, 1871)

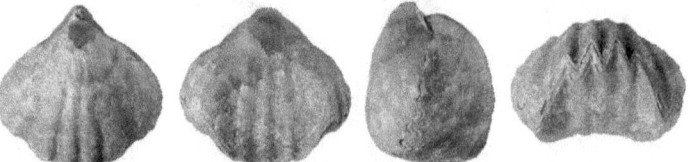

Lacunosella (L.) sparsicosta, Laibarös, Malm γ, L=20mm

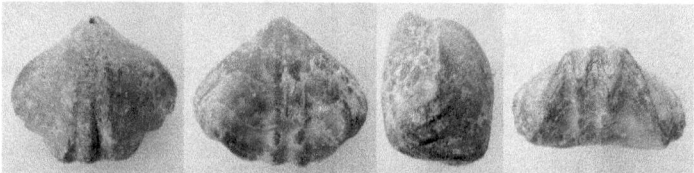

Lacunosella (L.) sparsicosta, Laibarös, Malm γ, L=20mm

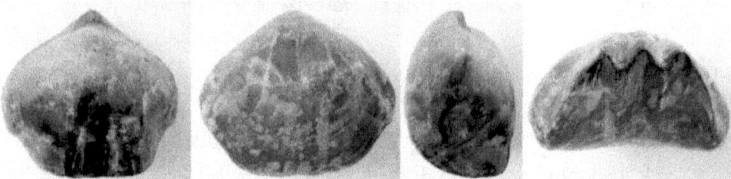

Lacunosella (L.) sparsicosta, Geisingen, Malm γ, L=22mm

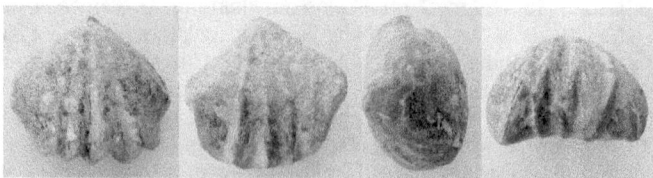

Lacunosella (L.) sparsicosta, Böttingen/Heuberg, Malm γ, L=17mm

Lacunosella (L.) sparsicosta, Bopfingen/Ries, Malm γ, L=21mm

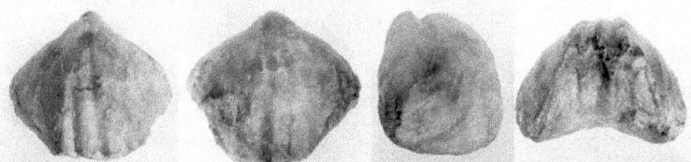

Lacunosella (L.) sparsicosta, Lochen, Malm γ, L=20mm

Lacunosella (L.) pseudoacuta (ROLLIER, 1917)

pseudo (lat.) = unecht, täuschend ähnlich; acuta (lat.) = scharf, zugespitzt.

Syn. *Rhynchonella lacunosa acuta* QUENSTEDT, 1858.

Reichweite: Malm γ.

Sie ist leicht zu erkennen, da sie vollständig einer *L sparsicosta* gleicht, aber nur eine Falte auf dem Sattel besitzt. Durch dieses Merkmal kann sie kaum mit einer anderen *Lacunosella* verwechselt werden. Allerdings ist *L. (L.) pseudoacuta* nur eine Spielart von *L. (L.) sparsicosta* und keine eigenständige Art (oder Unterart), was der Verwendung des Namens aber nicht im Wege stehen muss.

Ter. lacunosa acuta, Weiß. γ, Thieringen
(aus QUENSTEDT, 1858)
= *Lacunosella (L.) pseudoacuta*

Lacunosella (L.) pseudoacuta, Laibarös, Malm γ, 25mm

Lacunosella (L.) sp.

Reichweite: Malm α - γ.

Klein - mittelgroß (Länge: 10 – 25 mm). Gleichmäßig bikonvexes Gehäuse. Schmaler, fächer- bis tropfenförmiger Umriss. Die nicht sehr zahlreichen Rippen sind gleichmäßig über die Oberfläche verteilt. Wulst und Sinus sind so gut wie nicht vorhanden. Markant ist der spitze Apikalwinkel (< $90°$). Die Frontkommissur ist rektimarginat bis uniplikat. Der Schnabel ist kräftig und hoch. Gleicht schlanken Formen von L. (L.) trilobataeformis ohne jedoch eine trilobate Form zu entwickeln.

L. (L.) sp. ist leicht zu erkennen, ist aber vielleicht auch nur eine Wuchsvariante einer anderen Lacunosella-Art.

Lange lacunosa, Salmendingen (aus QUENSTEDT, 1871)

Lacunosella (L.) sp., Laibarös, Malm γ, 20mm

Lacunosella (L.) sp., Veilbronn, Malm α, 11mm (Slg. NHG-Nürnberg)

Lacunosella (L.) sp., Streitberg, Malm α, 17mm (Slg. NHG-Nürnberg)

Die Brachiopoden des deutschen Malm   35

Lacunosella (L.) sp., Laibarös, Malm γ, 22mm

Lacunosella (L.) sp., Frankenjura, Malm, 23mm (Slg. NHG-Nürnberg)

Lacunosella (L.) dilatata (ROLLIER, 1917)

dilatata (lat.) = verbreitet.

Syn. *Terebratula media* v. ZIETEN, *Lacunosella lacunosa* (SCHLOTHEIM, 1864).

Reichweite: Malm β - δ. Häufig.

Fundortbeispiele: Donzdorf, Teuchatz/Frankenalb, Böttingen-Heuberg, Heroldsmühle, Tuttlingen, Geislingen, Gruibingen, Spielberg/Hahnenkamm.

Mittelgroß (Länge: 15 – 25 mm). Das Gehäuse ist kräftig bikonvex, wobei die Armklappe etwas stärker gewölbt ist. Sie hat einen breitovalen bis gerundet pentagonalen Umriss. Die Seitenteile sind ganz leicht flügelartig ausgezogen. Auf dem Sattel befinden sich in der Regel 4 - 8 Rippen, auf den Flanken jeweils 4 oder auch mehr. Die Rippen auf den Flanken sind niedriger aber besser erkennbar als bei *L. sparsicosta*. Die Rippen reichen bei guter Erhaltung bis zu den Wirbeln. Die Front ist bogenförmig uniplikat hochgezogen. Der Schnabel ist halb aufgerichtet und seitlich etwas eingeschnürt, das Stielloch klein.

Wie der Name schon sagt, ist *L. dilatata* weit verbreitet und recht häufig anzutreffen. Sie kommt aber fast nie mit *L. sparsicosta* zusammen vor.

Terebratula media, Sowerby (aus ZITTEL, 1832) = ***Lacunosella (L.) dilatata***

Rhynchonella lacunosa, Quenstedt sp. (aus HAAS, 1890/1891) = ***Lacunosella (L.) dilatata***

Lacunosella (L.) dilatata, Tuttlingen, Malm γ, L=25mm

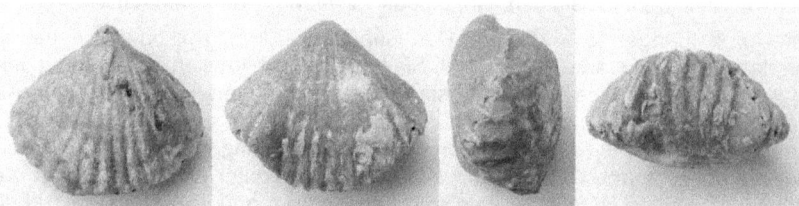

Lacunosella (L.) dilatata, Böttingen-Heuberg, Malm γ, L=20mm

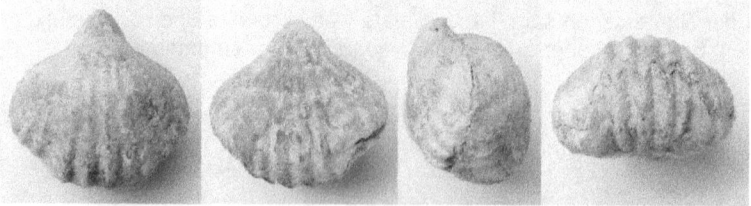

Lacunosella (L.) dilatata, Heroldsmühle, Malm β, L=21mm

Lacunosella (L.) dilatata, Heroldsmühle, Malm β, L=20mm

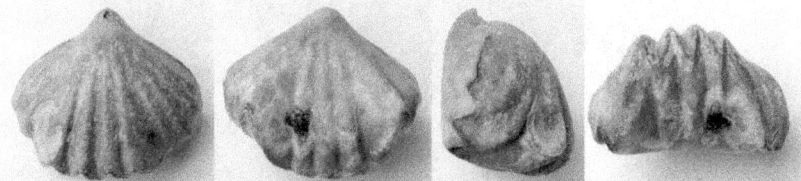

Lacunosella (L.) dilatata, Teuchatz, Malm γ, L=20mm

Lacunosella (L.) dilatata, Oberlangheim, Malm δ, L=22mm

Lacunosella (L.) polita (ROLLIER, 1917)

politus (lat.) = geglättet, geschmackvoll, fein.

Syn. *T. lacunosa polita* QUENSTEDT, 1871.

Reichweite: Malm γ - δ.

Fundortbeispiele: Engelhardsberg, Geisingen, Böttingen, Bubsheim, Teuchatz, Haidhof.

Mittelgroß (Länge: 15 – 20 mm). Eine nicht sehr große Art mit oft recht fülligem Gehäuse und gerundet pentagonalem Umriss. Auf dem Sattel befinden sich bei typischen Exemplaren 4 hohe, kantige Rippen. Auf den Seitenteilen befinden sich 3 - 5 niedrigere Rippen. Die Rippen reichen bis zu den Wirbeln.

Formen von über 22 mm Länge gehören mit großer Wahrscheinlichkeit zu anderen *Lacunosella*-Arten.

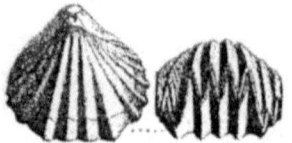

T. lacunosa polita, Weisser Jura γ (aus QUENSTEDT, 1871)
= *Lacunosella (L.) polita*

Lacunosella (L.) polita, Steinkerne, Haidhof b. Gräfenberg, Malm δ, L=15-16mm

Lacunosella (L.) silicea (ROLLIER, 1917)

Syn. T. lacunosa silicea QUENSTEDT, 1871.

Reichweite: Malm ε.

Fundortbeispiele: Engelhardsberg.

Klein bis mittelgroß (Länge: 15 – 20 mm). Eine eher kleinwüchsige Art mit engstehenden, scharfkantigen Rippen. Sie ist recht dick und in etwa so breit wie lang. Die Frontkommissur ist deutlich uniplikat. Auf dem Wulst befinden sich meist 5 Rippen, auf den Seitenteilen jeweils ca. 4. Die Rippen auf den Seitenteilen sind gut erkennbar.

T. lacunosa silicea, Weisser Jura ε, Engelhardsberg
(aus QUENSTEDT, 1871)
= *Lacunosella (L.) silicea*

Lacunosella (L.) silicea, Engelhardsberg, Malm ε, 18mm (Slg. NHG-Nürnberg)

Lacunosella (L.) exaltata (ROLLIER, 1917)

exaltata (lat.) = erhöht.

Syn. *Terebratula lacunosa media* QUENSTEDT.

Reichweite: Malm α - β.

Fundortbeispiele: Aalen, Streitberg, Pegnitz, Klinghof, Plettenberg, Lochen, Spielberg/Hahnenkamm.

Groß (Länge: 25 – 40 mm, typ. 30 mm). Massige Form mit dickem, aufgeblähtem Gehäuse und gerundet pentagonalem Umriss. Kräftige, breite Rippen, davon mindestens 5 auf dem Wulst. Die Frontkommissur ist breit uniplikat hochgezogen. Ähnliche Formen aus dem Malm γ und δ sollten zu anderen Arten gestellt werden.

Ter. lacunosa media, Weisser Jura β, Aalen
(aus QUENSTEDT, 1871)
= *Lacunosella (L.) exaltata*

Lacunosella (L.) exaltata, Lochen, Malm α, L=32mm (Slg. NHG-Nürnberg)

Lacunosella (L.) exaltata, Plettenberg, Malm α, L=32mm

Lacunosella (L.) trilobataeformis WISNIEWSKA, 1932

trilobataeformis (lat.) = von trilobater Gestalt.

Syn. *Terebratula lacunosa multiplicata* ZIETEN.

Reichweite: Malm α - γ.

Fundortbeispiele: Rüsselbach bei Gräfenberg, Ebingen.

Groß (Länge: 25 – 40 mm). Das Gehäuse ist bikonvex. Beide Schalen sind ungefähr gleich stark gewölbt. Die größte Krümmung der Armklappe ist in der Mitte oder etwas weiter hinten zum Wirbel verschoben. Der Umriss ist subpentagonal bis rhomboidal, bei juvenilen Exemplaren auch kreisförmig. Adulte Gehäuse werden stets deutlich trilobat. Die Arialkanten sind stark abgerundet. Schnabel groß, stumpf, massiv und etwas eingekrümmt. Der Schlossrand ist nur wenig gekrümmt. Das hypothyroide Stielloch ist relativ groß und rund. Der Sinus beginnt ca. 12 - 20 mm vom Schnabel entfernt. Er ist breit, in der Mitte konvex und wird durch weiche Flanken seitlich begrenzt. Nach vorne verlängert sich der Sinus zungenförmig und biegt sich langsam zur Armklappe hin. Der Wulst ist groß und kann sehr unterschiedlich ausfallen. Die Oberfläche trägt zahlreiche stumpfe, gerundete Rippen, an der Front bis zu 30. Sie beginnen in geringerer Anzahl bei den Wirbeln und vermehren sich dann dichotom zur Front hin. Anwachslamellen sind häufig zu sehen, sie sind unregelmäßig verteilt und häufen sich im vorderen Teil der Schale.

Die sehr prägnante Ausprägung mit starker Trilobation und nur 2-3 Falten auf dem Wulst, die in Frankreich und Polen verbreitet ist, scheint in Deutschland nicht vorzukommen.

Lacunosella (L.) trilobataeformis, Lochen, Malm α, L=26mm

Lacunosella (L.) trilobata (ZIETEN, 1832)

lobus (lat.) = Lappen; tria (lat.) = drei (dreilappig)

Syn. *Trichorhynchia trilobata, Terebratula inaequilaetera, Stolmorhynchia trilobata* (ZIETEN).

Reichweite: Malm δ - ζ1/2, vorwiegend jedoch im Malm ε.

Fundortbeispiele: Sigmaringen, Eselsberg bei Ulm, Arnegg b. Ulm, Stetten auf dem Härtsfeld, Saal/Donau, Wittislingen, Steinweiler bei Nattheim, Streitberg, Wasseralfingen, Krumbach, Jusiberg bei Kohlberg, Krumberg, Stotzingen/Blättringen, Gerhausen, Kreenheinstetten, Lonsingen/Würtingen, Wental/Steinheim.

Groß (Länge: 25 - 40 mm, typ. 30 mm). Das bikonvexe Gehäuse ist in die Länge gestreckt und hat einen unverwechselbaren, stark trilobaten Umriss. Nicht selten ist das Gehäuse stark asymmetrisch, wodurch der Umriss dann auch asymmetrisch bilobat ausfallen kann. Die Oberfläche ist mit vielen (16 – 25) recht niedrigen Rippen verziert, wovon 6 – 9 auf dem Sattel liegen. Je mehr Rippen vorhanden sind, desto feiner fallen sie aus. Anwachslinien sind vorhanden, aber meist unauffällig. Die Front sowie der ganze Mittelteil des Gehäuses sind hochgezogen. Der Schnabel ist klein und halb aufgerichtet.

L. trilobata kommt nie zusammen mit anderen Lacunosellen vor.

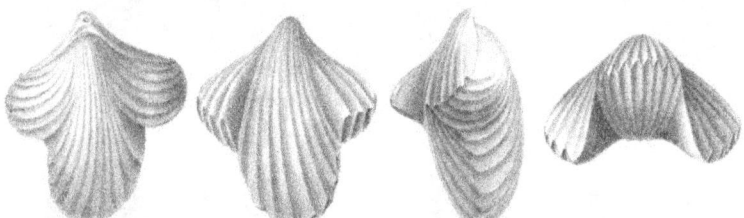

Terebratula trilobata, de Münster, Wasseralfingen (aus ZIETEN, 1832)

Terebratula inaequilaetera, Goldfuss (aus ZIETEN, 1832)

Terebratula trilobata, Weiß. ε, Steinweiler (Länge ca. 39mm) (aus QUENSTEDT, 1858)

Rhynchonellida

Lacunosella (L.) trilobata, Wental, Malm ε, L=35mm (Slg. Greifeneder)

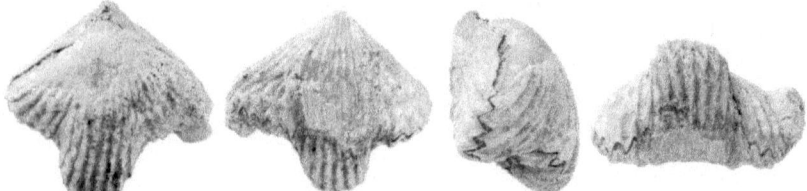

Lacunosella (L.) trilobata, Lenzenberg/Kreenheinstetten, Malm ε, L=30mm

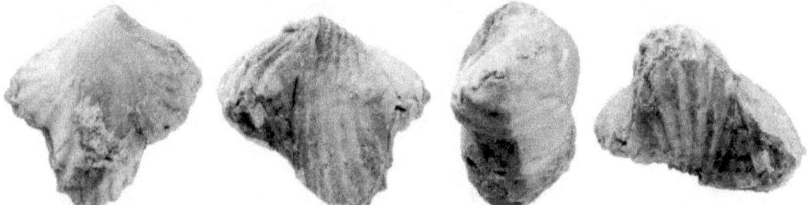

Lacunosella (L.) trilobata, Lenzenberg/Kreenheinstetten, Malm ε, L=31mm

Lacunosella (L.) trilobata, schwäb. Alb, Malm ε, L=31mm

Lacunosella (L.) vaga (CHILDS, 1969)

vaga (lat.) = umherschweifend (wegen der weiten Verbreitung).
Reichweite: Malm γ3 – δ.
Fundortbeispiele: Lahm bei Lichtenfels, Gräfenberg.
Mittelgroß bis groß (Länge: 20 – 30 mm). Das Gehäuse ist kräftig bikonvex und füllig. Die Armklappe ist etwas stärker gewölbt ist. Sie hat einen kreisförmigen bis gerundet pentagonalen Umriss mit ganz leichter Tendenz trilobat zu werden. Das Gehäuse ist fast immer symmetrisch. Die Seitenteile sind nur wenig ausgezogen. Die Rippen sind gleichmäßig verteilt, auf dem Sattel befinden sich in der Regel 4 - 6 kantige Rippen, auf den Flanken jeweils 3 – 4 nur wenig niedrigere Rippen. Die Art ist aber bezüglich der Rippenzahl sehr variabel. Die Rippen reichen bei guter Schalenerhaltung bis zu den Wirbeln. Sie gabeln sich nicht. Es kommen aber auf den Übergangsflanken gelegentlich Einschaltrippen vor. Die Front ist symmetrisch uniplikat hochgezogen. Der Schnabel ist halb aufgerichtet und meist seitlich eingeschnürt, das Stielloch klein.

Lacunosella vaga (nach CHILDS, 1969)

Lacunosella (L.) vaga, Gräfenberg, Malm δ, L=23mm (Slg. Neumann)

Lacunosella (L.) vaga, Gräfenberg, Malm δ, L=24mm (Slg. Neumann)

Lacunosella (L.) vaga, Gräfenberg, Malm δ, L=22mm (Slg. Neumann)

Die kreisrunden Varianten von *L. (L.) vaga* können *Septaliphoria pinguis* ähneln, insbesondere wenn sie keine Einschaltrippen aufweisen. Es wird empfohlen *L. (L.) vaga* nicht für norddeutsche Formen zu verwenden. In Norddeutschland wird es sich vorzugsweise um *S. pinguis* handeln.

Zusammen mit *L. (L.) vaga* kommt neben *Ornithella moeschi* auch schon *Torquirhynchia speciosa* vor.

Lacunosella (L.) visulica (OPPEL, 1866)

Reichweite: Malm γ.

Mittelgroß - groß (20 – 35 mm). Kräftig gewölbte Armklappe, gerundet pentagonaler Umriss mit Neigung zur Trilobation. Das Gehäuse ist in etwas so breit wie lang. 4 – 6 Rippen auf dem Sattel, wenige Rippen auf den Seitenteilen (insges. ca. 8 – 15). Die Rippen sind sehr massiv. Sie beginnen bei den Wirbeln und werden noch vorne hin immer kräftiger und auseinander laufend. Der hohe Schnabel ist seitlich etwas eingeschnürt und nur leicht gebogen. Die Frontkommissur ist hochgezogen uniplikat.

Kommt gerne zusammen mit *L. (L.) sparsicosta* vor, deren Rippen nicht bis zu den Wirbeln reichen.

Zur Unterscheidung von *L. (L.) trilobataeformis* kann der Apikalwinkel herangezogen werden:

L. (L.) visulica   : $105^0 - 125^0$
L. (L.) trilobataeformis : $90^0 - 105^0$

Die Brachiopoden des deutschen Malm

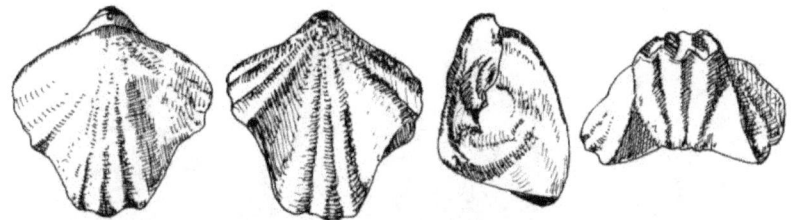

Lacunosella visulica (nach WISNIEWSKA, 1932)

Lacunosella (L.) visulica, Laibarös, Malm γ, L=30mm

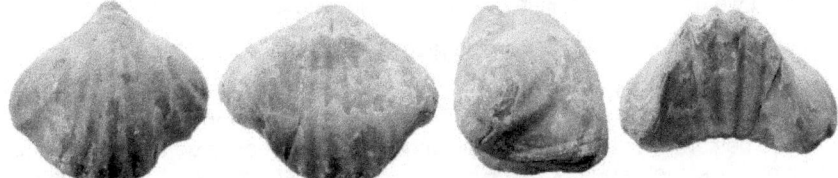

Lacunosella (L.) visulica, Laibarös, Malm γ, L=27mm

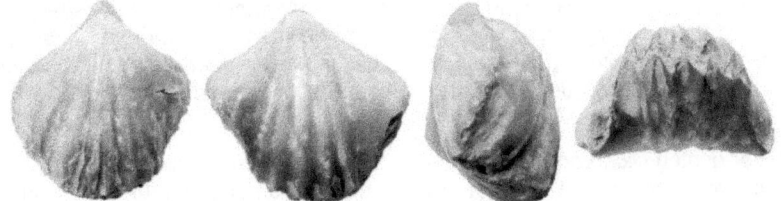

Lacunosella (L.) visulica, Ludwag, Malm γ, L=29mm

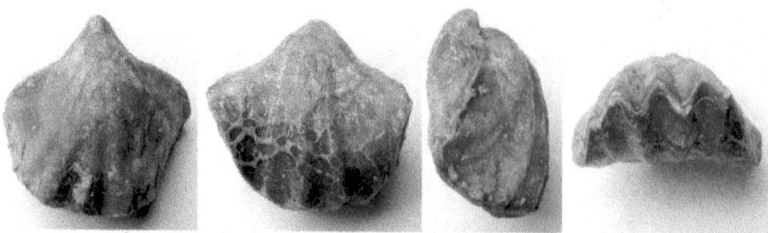

Lacunosella (L.) visulica, Geisingen, Malm γ, L=28mm

Lacunosella (Dichotomasella)

dichotom: in zwei Ausprägungen vorkommend (bezogen auf das Berippungsschema).

Diese aus Algerien und Ungarn bekannte Untergattung von *Lacunosella* kommt in Deutschland höchstwahrscheinlich nicht vor. Da aber in der Literatur der Artname dichotoma gelegentlich bei Lacunosellen auftaucht, soll sie hier kurz vorgestellt werden um Fehlbestimmungen vorzubeugen.

Reichweite: Malm γ – ε, vorwiegend jedoch im Malm γ.

Klein (10 – 20 mm). Das gerundet pentagonale bis birnenförmige Gehäuse gleicht sehr stark *Lacunosella (L.) sparsicosta*. Der charakteristische Unterschied besteht aber in der Rippenbildung. Viele feine Rippen gehen zur Front hin in einige wenige, grobe, kurze Rippen über. Bei Lacunosellen – insbesondere bei juvenilen – finden sich immer wieder ungewöhnliche und unregelmäßige Wuchsformen, die auch gelegentlich dichotomierende Rippen aufweisen. Hier kann man leicht geneigt sein neue Arten zu erkennen. Von MOESCH und QUENSTEDT wurden für solche ausgefallenen Formen die Namen *Rhynchonella dichotoma* bzw. *Rhynchonella lacunosa dichotoma* vergeben. Vermutlich handelt es sich aber lediglich um etwas ungewöhnliche oder sogar pathologische Formen anderer *Lacunosella*-Arten.

Bei der echten *Dichotomasella* gehen die feinen Rippen ziemlich gleichzeitig ungefähr im Verhältnis 2/1 in grobe Rippen über, was bei den deutschen Formen in dieser Deutlichkeit nicht zu finden ist.

Lacunosella (Dichotomasella)

Rhynchonelloidella

Rhynchonelloidella fuerstenbergensis (QUENSTEDT, 1858)

Benannt nach dem Ort Fürstenberg.

Reichweite: Malm α - γ.

Fundortbeispiele: Geißlingen, Gruibingen.

Sehr klein (max. 10mm). Kreisförmiger Umriss. Flaches bikonvexes Gehäuse und zahlreiche, feine Rippen, spitzzulaufender Schnabel. Sehr ähnlich aussehend wie juvenile *R. alemanica*. Kommt vorwiegend im Macrocephalen-Oolith des Dogger ζ1 (Unt. Callov) vor. Soll aber auch noch im unteren Malm zu finden sein. Die meisten kleinen und/oder juvenilen *Rhynchonelliden* im Malm gehören aber zu den Gattungen *Monticlarella* und *Lacunosella*, wobei insbesondere die Brut von *Monticlarella triloboides* falsch interpretiert werden könnte. Für den Sammler muss diese Art deshalb keine Berücksichtigung finden.

Rhynchonelloidella fuerstenbergensis, Weisser Jura α, Geisslingen
(aus QUENSTEDT, 1871)

Monticlarella

Monticlarella strioplicata (QUENSTEDT, 1858)

stria (lat.) = Streifen; plicare (lat.) = falten (streifige Rippen)

Syn. *Terebratula strioplanata* QUENSTEDT, *Rhynchonella pauciplicata* ROLLIER, *Rhynchonella tenuiplicata* ROLLIER, *Rhynchonella furcatella* ROLLIER, *Rhynchonella sublaevis* ROLLIER.

Reichweite: Malm α – ζ1/2, vorwiegend jedoch im Malm α.

Fundortbeispiele: Tiefenellern b. Bamberg, Saal/Donau, Schlüpfelberg zw. Sulzbürg u. Mühlhausen, Barrenberg, Veilbronn, Leutenbach, Dillberg b. Neumarkt.

Klein bis mittelgroß (Länge: 7 – 13 mm). Das Gehäuse ist gleichmäßig bikonvex, der Umriss längsoval. Die Schale ist mit feinen Streifen verziert, die zur Front hin in wenige grobe, gewellte Rippen übergehen (max. 6). Bei guter Erhaltung kann man aber sehen, dass die Streifen noch zwischen den Rippen bis zur Front weitergehen. Die Frontkommissur ist breit-uniplikat, aber nur sehr leicht hochgezogen. Der Schnabel ist aufgerichtet mit kleinem Stielloch.

Weiß. γ, Lochen   Weiß. ε, Nattheim
Terebratula strioplicata (aus QUENSTEDT, 1858)

Rhynchonellida

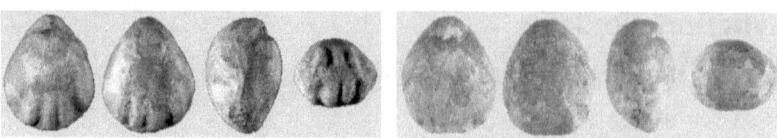

Bamberg, Malm α, L=9mm
Monticlarella strioplicata

Leutenbach, Malm α, L=7mm

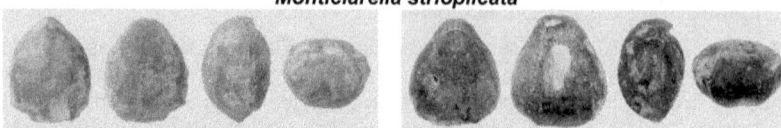

Veilbronn, Malm α, L=10mm (NHG-Nürnberg)
Monticlarella strioplicata

Gosheim, Malm α, L=9mm

Monticlarella strioplicata, Spielberg, Hahnenkamm, Malm β, L=8mm

Monticlarella triloboides (QUENSTEDT, 1852)

lobus (lat.) = Lappen ; triloboides : dreilappig.

Syn. *Rhynchonella savignacensis* ROLLIER, *Rhynchonella parviloba* ROLLIER.

Reichweite: Malm α – ε.

Fundortbeispiele: Massenkalk und Schwammfazies, z.B. Böttingen/Heuberg im Lkr. Tuttlingen, Bosler, Heroldsmühle bei Bamberg, zw. Teuchatz und Zeegendorf/Frankenalb, Spielberg/Hahnenkamm, Dillberg b. Neumarkt.

Klein bis mittelgroß (Länge: 8 – 13 mm). Dickes, gleichmäßig bikonvexes Gehäuse mit kreisförmigem, manchmal leicht trilobatem Umriss. Die Schalenverzierung besteht 8 – 12 Rippen. Hin und wieder können Rippen im Laufe des Wachstums eingeschaltet worden sein. Bei sehr gut erhaltenen Exemplaren kann man feine Streifen zwischen den Rippen erkennen. Die Frontkommissur ist deutlich uniplikat. Auf dem Wulst befinden sich 3 – 7 Rippen (am häufigsten kommen 6 Rippen vor). Anwachslinien sind meist nicht erkennbar. Der Schnabel ist breit und aufgerichtet, das Stielloch gut sichtbar und meist gerundet dreieckig oder oval geformt.

Terebratula triloboides, Weiß. γ, Lochen (aus QUENSTEDT, 1858)

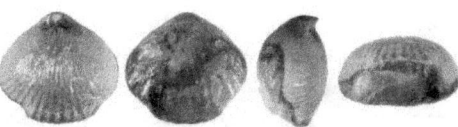

Monticlarella triloboides, Ipf, Malm γ, L=11mm

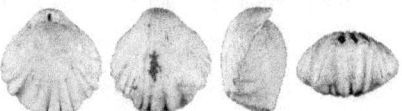

Monticlarella triloboides, Gräfenberg, Malm γ, L=8mm

Monticlarella triloboides, Geisingen, Malm γ, L=11mm

Monticlarella triloboides, Engelhardsberg, Malm ε, L=8mm

Monticlarella triloboides, Böttingen, Malm γ, L=12mm

Monticlarella triloboides, Kasendorf, Malm α, L=8mm

Monticlarella triloboides, Haidhof, Malm δ, L=9mm

Monticlarella triloboides, Haidhof, Malm δ, L=11mm

Monticlarella striocincta (QUENSTEDT, 1858)

striocincta (lat.) = mit Streifen eingefasst.

Syn. *Rhynchonellina striocincta*, *Monticlarella rollieri* WISNIEWSKA.

Reichweite: Malm α –ζ3.

Fundortbeispiele: Lochengründle bei Balingen, Rüsselbach, Mörnsheim.

Klein (Länge: 7 – 11 mm). Dickes, bikonvexes Gehäuse mit breitovalem, kreisförmigem oder längsovalem Umriss. Die Schalenverzierung besteht aus zahlreichen feinen Rippen oder Streifen. Die Frontkommissur ist rektimarginat im Gegensatz zu anderen in Deutschland vorkommenden Arten. Der Schnabel ist niedrig, klein, spitz und eingekrümmt, mit winzigem Stielloch.

Terebratula striocincta, Weiß. γ, Salmendingen (aus QUENSTEDT, 1858)

Monticlarella striocincta, Laibarös, Malm γ, L=11mm

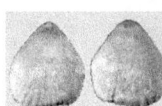

L=7mm *Monticlarella striocincta*, Laibarös, Malm γ L=9mm

Monticlarella striocincta, Burgsalach-Indernbuch, Malm γ1, L=11mm

Capillirostra

Capillirostra finkelsteini (BOESE, 1894)

Benannt nach dem deutschen Geologen und Arzt Heinrich Finkelstein (1865 – 1942).

Syn. *Rhynchonellopsis finkelsteini, Rhynchonellina finkelsteini.*

Reichweite: Malm α – β.

Eine sehr ähnliche Form wie *Monticlarella striocincta*, die sich nur geringfügig unterscheidet. Sie ist etwas flacher und breiter und besitzt eine etwas gestutzte Front. Der Schnabel ist weniger eingekrümmt. Sie könnte auch noch in die Variabilität von *M. striocincta* fallen.

Capillirostra finkelsteini, Oxfordian or ?Kimmeridgian, Swabia, Germany (nach Treatise on Inv. Paleont., Brachiopoda Revised, vol. 4)

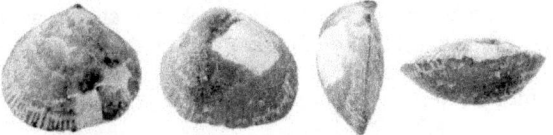

Capillirostra finkelsteini, Gosheim, Malm α, L=11mm

Echinirhynchia

Echinirhynchia senticosa (SCHLOTHEIM, 1820)

sentus (lat.) = dornig.

Syn. *Acanthorhynchia senticosa, Terebratula senticosa silicea* QUENSTEDT, 1871. *Terebratulites senticosus, Terebratula senticosa alba* QUENSTEDT, 1858, *Acanthorhynchia dealbata* ROLLIER, 1917. *Terebratula senticosa impressae* QUENSTEDT, 1871.

Reichweite: Malm α – ζ1/2. Sehr selten.

Fundortbeispiele: Amberg, Nattheim, Heiligenstadt, Sirchingen, Geislingen, Weißenstein, Engelhardsberg, Gräfenberg.

Klein bis mittelgroß (Länge: 10 – 17 mm). Relativ flaches, gleichmäßig bikonvexes Gehäuse mit längsovalem, kreisförmigem oder auch birnenförmigen Umriss. Die Oberfläche ist mit zahlreichen feinen, etwas unregelmäßigen Rippchen gestreift, die sich gelegentlich aufspalten. Auf den Rippchen sitzen feine, spitze

Stacheln, deren Reste auch bei etwas abgeriebenen Gehäusen noch gut zu erkennen sind. Anwachslinien sind meist nicht zu erkennen. Die Seitenkommissur ist gerade, die Frontkommissur rektimarginat. Der Schnabel ist halb aufgerichtet und so hoch, dass man das darunter liegende Deltyrium erkennen kann.

Terebratula senticosa, Weiß. ε, Sirchingen (aus QUENSTEDT, 1858)

        Amberg   Engelhardsberg
Rhynchonella senticosa, aus Weissem Jura (aus ROTHPLETZ, 1886)

E. senticosa ist hier als Sammelname zu verstehen für alle stachelbesetzten *Rhynchonelliden* des gesamten Malms. Tatsächlich existieren aber mehrere Namen für Formen mit abweichendem Berippungsschema. Soweit diese sich auch stratigraphisch abgrenzen lassen, könnte es sich auch um eigenständige Arten handeln. Wer möchte kann deshalb auch noch folgende Namen zusätzlich berücksichtigen:

Malm α – β : ***E. impressae***   wenige grobe Rippen
Malm γ – δ : ***E. alba***   kreisförmig, Rippen nach außen gebogen
Malm ε – ζ : ***E. silicea***   besonders hoher Schnabel

E. impressae
(aus QU., 1871)

E. alba
(aus QU., 1871)

E. silicea
(aus QU., 1871)

Echinirhynchia senticosa, Gräfenberg, Malm δ, L=11mm
(Slg. NHG-Nürnberg)

Septaliphoria

Septaliphoria pinguis (ROEMER, 1836)

pinguis (lat.) = dick, fett.

Syn. *Rhynchonella corallina* LEYMERIE, *Rhynchonella pectunculoides* ETALLON, *Rhynchonella pullirostris* ETALLON.

Reichweite: Malm β - γ.

Fundortbeispiele: vorwiegend im norddeutscher Malm, z.B. Region Hannover, Langenberg/Oker, Hoheneggelsen, Galgenberg/Hildesheim.

Groß (Länge: 18 – 28 mm). Das Gehäuse ist bikonvex, variiert aber sehr stark in der Dicke. Es kommen recht flache, aber auch globose Formen vor. Der Umriss ist kreisförmig oder ein wenig breit- oder längsoval, in der Regel aber so breit wie lang. Die Oberfläche ist relativ gleichmäßig mit zahlreichen, kantigen Rippen bestückt. Sie reichen bis zu den Wirbeln, werden in der Wirbelregion aber flacher und abgerundeter. Im Gegensatz zu *Lacunosella* vermehren sich die Rippen nicht im Laufe des Wachstums. Der Schnabel ragt in der Seitenansicht hoch aufgerichtet über die Armklappe empor. Die Arialkanten sind meist deutlich erkennbar. Die Frontkommissur ist leicht bis stark uniplikat. Wulst und Sinus sind aber stets nur schwach ausgeprägt.

Die Gattung *Septaliphoria* besitzt ein sehr charakteristisch geformtes Septum, was leider im Innern verborgen ist und dem Sammler bei der Bestimmung nicht hilft. Verwechslungen mit anderen *Rhynchonelliden* sind deshalb leicht möglich. Man sollte den Namen deshalb nur für Formen aus dem norddeutschen Malm benutzen, die eine gleichmäßige, <u>nicht</u>-vermehrende Berippung und die typische Schnabelform aufweisen. Die Schalenfarbe ist übrigens gerne in braun oder rotbraun überliefert.

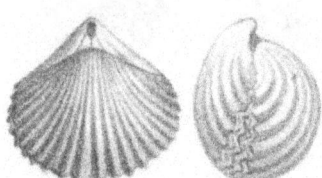
T. *pinguis* (aus ROEMER, 1836)

Rh. Pinguis (aus LORIOL, 1872)

Septaliphoria pinguis, Langenberg/Oker, Ob. Oxford, L=19mm (Slg. Wegener)

Septaliphoria pinguis, Region Hannover, Ob. Oxford, L=26mm (Slg. NHG-Nürnberg)

Septaliphoria pinguis, Region Hannover, Ob. Oxford, L=12mm (Slg. NHG-Nürnberg)

Septaliphoria pinguis, Bourges, Dept. Cher (F), Ob. Oxford, L=24mm

Septaliphoria pinguis, Makogoszcz, Holy Cross Mt. (Pl), Unt. Kimmeridge, L=27mm

Septaliphoria corallina (LEYMERIE, 1846)

Syn. *Terebratula inconstans* SOWERBY.

Reichweite: Malm β - γ.

Fundortbeispiele: vorwiegend im norddeutscher Malm, z.B. Region Hannover.

Groß (Länge: 21 – 28 mm). *S. corallina* ist vermutlich nur eine Varietät von *S. pinguis*, die eine asymmetrische Frontkommissur aufweist. Sie lässt sich aber gut unterscheiden, so dass der Namen zumindest für den Sammler seine Berechtigung hat.

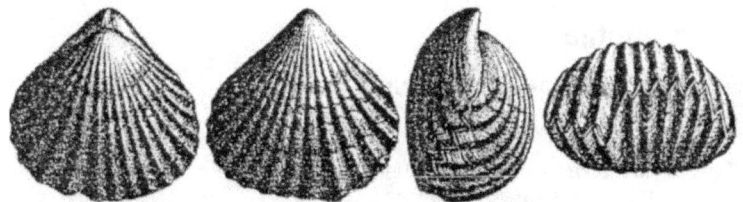

Rhynchonella corallina, Leymerie sp. (aus HAAS, 1889)

Septaliphoria corallina, Bourges, Dept. Cher (F), Ob. Oxford, L=26mm

Somalirhynchia

Somalirhynchia moeschi (HAAS, 1890)

Benannt nach dem Schweizer Geologen Casimir Mösch (1827-1898).

Syn. *Septaliphoria moravica* (UHLIG).

Reichweite: Malm β.

Eine *Septaliphoria pinguis* zum Verwechseln ähnliche Form, ebenfalls mit nicht-vermehrenden Rippen und hohem Schnabel. Sie ist aus der Umgebung von Basel bekannt und könnte auch auf deutschen Boden im deutsch-schweizerischen Grenzgebiet vorkommen.

Somalirhynchia moeschi, Grellingen CH, Ob. Oxford, L=25mm

Torquirhynchia

Torquirhynchia speciosa (MUENSTER, 1839)

speciosus (lat.) = wohlgestaltet.

Syn. *Terebratula inconstans speciosa* MUENSTER, 1839, *Terebratula trilobata inconstans* QUENSTEDT, 1871, *Terebratula inconstans* QUENSTEDT, 1871, *Terebratula asteriana* D'ORBIGNY, 1913, *Terebratula inconstans* SOWERBY, *Terebratula difformis* ZIETEN, *Septaliphoria astieriana* D'ORBIGNY, *Rhynchonella inconstans asteriana* FRAAS, *Torquirhynchia acarus*, *Terebratula dissimilis* SCHLOTHEIM.

Reichweite: Malm δ – ζ2.

Fundortbeispiele: typisch für Schwamm- u. Korallenkalk, Saal/Donau, Kehlheim, Nattheim, Obernaifermühle/Frankenalb, Blaubeuren, Pappelau bei Ulm, Heuberg/Donnstetten, Kreenheimstetten, Nusplingen, Stotzingen/Blättringen, Engelhardsberg, Gräfenberg, Mörnsheim.

Mittelgroß bis sehr groß (Länge: 20 - 45 mm). Die Breite kann bis zu 80 mm werden. Sie ist damit die größte Rhynchonellide des deutschen Jura. Das dicke bikonvexe Gehäuse hat einen breitovalen Umriss. Große Formen sind stets breiter als lang und neigen dazu bilobat zu werden. Die Oberfläche ist mit 25 – 35 kräftigen, kantigen Rippen gleichmäßig bedeckt, die sich zur Front hin nur in seltenen Fällen durch Dichotomie vermehren. Wichtigstes Merkmal ist die Asymmetrie der Vorderfront. Die linke und die rechte Gehäusehälfte sind in der Höhe gegeneinander verdreht (torquire = drehen, krümmen). Die Gehäusehälften können aber auch in der Länge asymmetrisch sein. Der aufgerichtete Schnabel ist kräftig und hoch, so dass die Interarea gut einsehbar ist.

Die asymmetrischen *Torquirhynchia*-Arten des Ob. Kimmeridge haben eine hohe Variabilität und sehen von Fundort zu Fundort immer etwas anders aus. Entsprechend wurde oft versucht hier unterschiedliche Arten zu definieren und mit abweichenden Namen zu versehen. Zudem werden häufig und gerne Namen benutzt, die ursprünglich für ausländische Formen eingeführt wurden, z.B. *Torquirhynchia inconstans* (von SOWERBY für englische Formen eingeführt) und *Torquirhynchia asterieformis* (von WISNIEWSKA und CHILDS für polnische und französische Formen beschrieben). Sie passen aber nie so recht auf die deutschen Formen. Insgesamt ist die Artabgrenzung etwas unbefriedigend geblieben, wenn auch der äußere Anschein sagt, dass es verschiedene Arten geben könnte.

Für den Sammler macht es Sinn bei dem ursprünglichen Namen *T. speciosa* für alle asymmetrischen *Torquirhynchia*-Formen des Ob. Kimmeridge (Malm ε – ζ2) zu bleiben.

Bei asymmetrische Formen des Mittl. Kimmeridge (Malm δ) sollten genau hinsehen, da hier auch Vertreter der Gattung *Lacunosella* vorkommen, bei der asymmetrische Spielarten nicht ganz ungewöhnlich sind, die sich aber durch die häufiger vorkommende Rippenvermehrung unterscheiden.

Bei asymmetrischen Formen aus dem Malm γ und tiefer handelt es sich mit größter Wahrscheinlichkeit immer um *Lacunosella*-Arten.

Terebratula difformis, Lamarck, Heidenheim (aus ZIETEN, 1832)

Torquirhynchia speciosa, Blaubeuren, Malm ζ, L=37mm

Torquirhynchia speciosa, Saal a.d. Donau, Malm ε, L=26mm

Torquirhynchia speciosa, Saal a.d. Donau, Malm ε, L=27mm

Torquirhynchia speciosa, Saal a.d. Donau, Malm ε, L=23mm

Torquirhynchia speciosa, Beuron a.d. Donau, Malm ε, L=38mm

Torquirhynchia speciosa, Mörnsheim, Malm ζ3, L=30mm

Torquirhynchia speciosa, Engelhardsberg, Malm ε, L=26mm (Slg. NHG-Nürnberg)

Torquirhynchia speciosa, Gräfenberg, Malm δ, L=18mm

Isjuminelina

Isjuminelina pseudodecorata (ROLLIER, 1917)

pseudo (lat.) = unecht, täuschen ähnlich; decorata (lat.) = geschmückt, verziert.

Syn. *Rhynchonella lacunosa decorata* QUENSTEDT, *Isjuminella pseudodecorata Lacunosella pseudodecorata* (ROLLIER, 1917), *Rhynchonella cf. arolica*, OPPEL, *Terebratula quinqueplicata*, ZIETEN.

Reichweite: Malm α - β.

Fundortbeispiele: Lochen, Burglengenfeld, Litzlohe b. Pilsach, Klingenhof, Hartmannshof, Hersbruck, Büchenbach/Pegnitz, Spielberg/Hahnenkamm, Dillberg b. Neumarkt.

Mittelgroß (Länge: 20 – 30 mm). Das Gehäuse ist dickwandig und kugelig mit gerundet pentagonalem Umriss, oft dicker als breit. Es ist gleichmäßig mit kräftigen, kantigen Radialrippen besetzt, die vom Wirbel bis zur Vorderfront reichen. Die Frontkommissur ist zungenförmig hochgezogen. Auf dem Wulst sind in der Regel 4 – 5 Rippen. Die Flanken des Wulstes sind glatt und hoch. Diese markante Brachiopode ist aus dem Oxford von Nordfrankreich bekannt. Sie kommt aber auch in Deutschland vor, wo sie nicht ganz so groß wird. Sie ähnelt sehr stark *Lacunosella*-Arten, mit denen sie gerne verwechselt wird. Typisch ist der niedrige, sehr stark eingekrümmte Schnabel. Im Gegensatz zu *Lacunosella* vermehren sich die Rippen zur Front hin nicht, gelegentlich verschwindet sogar die eine oder andere Rippe, besonders auf den Flanken des Wulstes.

Im Bathon von Nordfrankreich kommt übrigens auch die besser bekannte und äußerlich kaum zu unterscheidende, homöomorphe *Isjuminella decorata* vor.

Rhynchonellida

T. *lacunosa decorata*, Weisser Jura γ
Lochen (Bem.: α/β nicht γ) (aus QU., 1871)
= *Isjuminelina* pseudodecorata

T. *lacunosa decorata*, Weisser Jura γ,
Lochen (aus QUENSTEDT, 1871)

Isjuminelina pseudodecorata, Rethel, Dept. Ardennes, Frankreich, Oxford, L=26mm

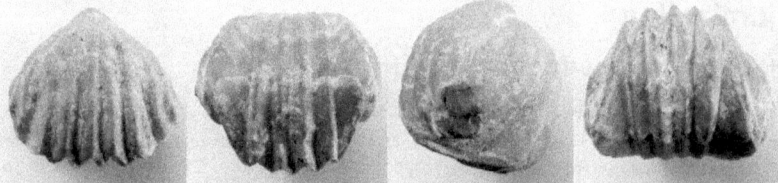

Isjuminelina pseudodecorata, Burglengenfeld, Malm α, L=20mm (Slg. Rümpelein)

Isjuminelina pseudodecorata, Klingenhof, Malm α, L=25mm

Isjuminelina pseudodecorata, Klingenhof u. Litzlohe, Malm α

Neothecidella

Neothecidella ulmensis (QUENSTEDT, 1858)

Benannt nach der Stadt Ulm.

Syn. *Thecidea ulmensis, Thecidella ulmensis, Praelacazella ulmensis.*

Reichweite: Malm β – ζ, vorwiegend jedoch Malm ε – ζ.

Fundortbeispiele: Oerlinger Tal.

Sehr klein (Länge: 3 – 5 mm). Der Umriss ist breitoval mit einer leichten Eindellung an der Front und aufgesetztem spitz zulaufendem Schnabel. Die Stielklappe ist auf dem Substrat aufsitzend, mit ihm verwachsen und passt sich dessen Form an. Häufig dienen auch Schalen größerer Brachiopoden als Substrat. Die Armklappe ist ungleichmäßig wellig konvex, aber insgesamt recht flach und etwas breiter als lang. Die Stielklappe kann dicker ausfallen. Der Schnabel ist zum Substrat und nicht zur Armklappe hin gekrümmt.

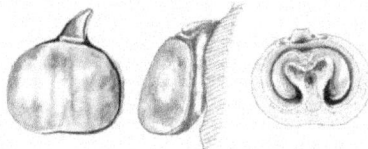

Neothecidella ulmensis (rechts: Sicht in die Armklappe)

Neothecidella antiqua (MUENSTER in GOLDFUSS, 1840)

antiqua (lat.) = vorangehend, alt.

Syn. *Thecidella antiqua.*

Reichweite: Malm α - δ.

Fundortbeispiele: Kalk- und Mergelfazies des schwäb./fränk. Jura.

Sehr klein (Länge: ca. 2 – 3 mm). Sehr ähnlich *N. ulmensis.*

Neothecidella antiqua

Parabifolium

Parabifolium priscum PAJAUD, 1966

priscum (lat.) = altertümlich.

Reichweite: Malm γ.

Fundortbeispiele: Nattheim.

Sehr klein (Länge: 2 – 4 mm). Sehr ähnlich *Neothecidella* aber mit etwas anderem ‚Innenleben'.

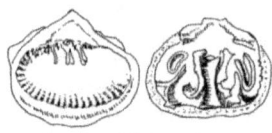

Parabifolium priscum, Malm γ (nach PAJAUD, 1970)

Loboidothyris

Loboidothyris gigas (QUENSTEDT, 1871)

gigas (lat.) = Gigant, Riese.

Syn. *Terebratula bisuffarcinata gigas, Terebratula hossingensis* ROLLIER, *Terebratula engeli* ROLLIER, *Terebratula insignis*.

Reichweite: Malm α – γ. Relativ selten.

Fundortbeispiele: Lochen, Heuberg/Böttingen, Klingenhof, Litzlohe bei Pilsach, Ehrenbürg bei Forchheim, Geisingen bei Donaueschingen, Hossingen b. Balingen.

Groß – sehr groß (Länge: 30 – 50 mm, gelegentlich noch größer werdend). Kräftiges bikonvexes Gehäuse, wobei auch die Armklappe deutlich gewölbt ist. Der Umriss ist langgestreckt pentagonal oder gerundet regulär pentagonal, meist aber eher breit wirkend. Die Seitenkommissur ist stark zur Stielklappe gebogen. Die Frontkommissur ist meist – leider aber nicht immer - sulciplikat bzw. biplikat gewellt. Der kräftige Wirbel trägt ein markantes, sehr großes, kreisrundes und niemals labiates Stielloch.

Im unteren Malm kommen nur zwei terebratulide Arten vor, die größer als 30 mm werden. Neben *L. gigas* ist dies noch *Colosia zieteni* (im oberen Malm kommt noch *Juralina insignis* dazu), wobei *C. zieteni* häufiger anzutreffen ist, *L. gigas* ist recht selten. Es ist deshalb wichtig, diese sehr ähnlichen Arten voneinander unterscheiden zu können:

Loboidothyris gigas: gewölbte Armklappe, breit, gerundet pentagonal, wichtig: **gewellte, sulciplikate Front!**

Colosia zieteni: relativ flache Armklappe, schmaler, längsoval, wichtig: **breit-uniplikate Frontkommissur!**

Besonders breite Exemplare mit deutlich pentagonalem Umriss sollte man zu *L. gigas* rechnen, auch wenn die Frontkommissur nicht ganz so deutlich sulciplikat ist. Exemplare mit sulciplikater Front sollte man - unabhängig vom Umriss - immer als *L. gigas* bestimmen.

In Zweifelsfällen liegt man allerdings mit *C. zieteni* eher richtig, da diese wesentlich häufiger vorkommt!

Terebratulida

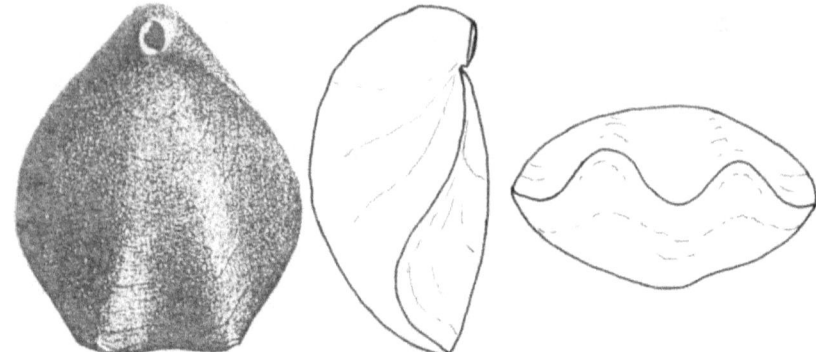

Ter. bisuffarcinata, Weisser Jura β, Weiler (aus QUENSTEDT, 1871)
= ***Loboidothyris gigas***

Loboidothyris gigas, Geisingen, Malm γ, L=41mm

Loboidothyris gigas, Gr. Heuberg b. Böttingen, Malm γ, L=41mm

Loboidothyris subselloides WESTPHAL, 1970

sub (lat.) = unterhalb; sella (lat.) = Stuhl, Sattel.

Syn. *Terebratula bisuffarcinata* (SCHLOTHEIM), *Terebratula subsella* (LEYMERIE).

Reichweite: nur im Malm γ (argovisch-schwäbische Fazies).

Fundortbeispiele: Reichenbach/Fils, Immendingen, Litzlohe bei Pilsach, Gräfenberg/Frankenalb, Osterdorf bei Treuchtlingen.

Kommt im norddeutschen Malm nicht vor.

Klein – mittelgroß (Länge: 18 – 33 mm, es kommen sowohl kleine Formen mit einer typ. Länge von 20 mm als auch mittelgroße Formen mit einer typ. Länge von 30 mm vor). Das Gehäuse ist bikonvex, aber recht flach. Der Umriss variiert von kreisförmig oder längsoval bis zu gerundet pentagonal, wirkt aber meist recht breit. Die größte Breite ist ungefähr in der Mitte. Kräftiger Wirbel, aber nicht ganz so massig wie bei der norddeutschen zum Verwechseln ähnlichen Schwester *Habrobrochus subsella*, die sich im Wesentlichen durch ein längeres Armgerüst unterscheidet. Die Seitenkommissur biegt im vorderen Drittel scharf zur Stielklappe ab, die Frontkommissur auch schon bei jüngeren Exemplaren deutlich sulciplikat, typischerweise breit sulciplikat. Je kräftiger die Sulciplikation ausfällt, desto deutlicher bilden sich zwei korrespondierende Furchen auf der Armklappe und zwei Falten auf der Stielklappe aus. Der Schnabel ist aufgerichtet, das Stielloch groß, aber nicht ganz so groß wie bei *H. subsella*.

Ter. bisuffarcinata, Weisser Jura γ (aus QUENSTEDT, 1871)
= *Loboidothyris subselloides*

kleinwüchsige Formen:

Loboidothyris subselloides, Burgsalach-Indernbuch, Malm γ1, L=21mm

Terebratulida

Loboidothyris subselloides, Naifertal, Malm γ, L=19mm (Slg. NHG-Nürnberg)

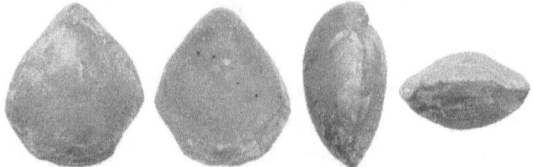

Loboidothyris subselloides, Gräfenberg, Malm γ, L=21mm

Loboidothyris subselloides, Drügendorf, Malm γ, L=21mm

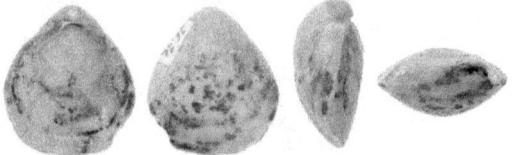

Loboidothyris subselloides, fränk. Schweiz, L=20mm (Slg. NHG-Nürnberg)

großwüchsige Formen:

Loboidothyris subselloides, Tuttlingen, Malm γ, L=32mm

Loboidothyris subselloides, Gr. Heuberg, Malm γ, L=25mm

Loboidothyris subselloides, Gräfenberg, Malm γ, L=29mm

Colosia

Colosia zieteni (LORIOL, 1876-1878)

Colosia von griech. *kolos* = kurz (in Anlehnung an Länge des Armgerüsts). Wurde wegen des kürzeren Armgerüsts von der Gattung *Loboidothyris* abgetrennt. Der Artname bezieht sich auf den Major und (Hobby-)Paläontologen C.H. v. Zieten.

Syn. *Loboidothyris zieteni* (LORIOL, 1876-1878), *Moeschia zieteni, Terebratula bisuffarcinata bisuffarcinata* (SCHLOTHEIM), *Terebratula bisuffarcinata* (SCHLOTHEIM), *Terebratula engeli* ROLLIER, *Terebratula ulmensis* ROLLIER, *Terebratula farcinata* DOUVILLÉ, *Terebratula gessneri* ETALLON.

Reichweite: Malm β – δ, vorwiegend aber Malm γ.

Fundortbeispiele: Geisingen, Mergelstetten b. Heidenheim, Litzlohe b. Pilsach, Teuchatz, Würgau b. Scheßlitz, Friesenwarte b. Kälberberg, Hesselberg b. Dinkelsbühl, Spielberg/Hahnenkamm, Burgsalach-Indernbuch, Stbr. Fürsitz-Braunenberg b. Aalen, Böttingen, Laibarös, Heroldsmühle, Ludwag. Typisch für Schwammkalk u. Korallenkalk.

Groß (Länge: 30 – 60 mm, typ. 38 mm). Das Gehäuse ist sehr füllig, wobei die Stielklappe sehr stark und die Armklappe nur schwach gewölbt oder sogar ganz flach ist. Der Umriss ausgewachsener Exemplare ist leicht gestutzt längsoval bis länglich subpentagonal. Die größte Breite ist vor der halben Länge. Die glatte Oberfläche zeigt regelmäßige Anwachsringe. Die Seitenkommissur ist im vorderen Drittel stark zur Stielklappe gebogen, die Frontkommissur typischerweise breit-uniplikat, seltener ganz leicht breit-sulciplikat. Durch die Sulciplikation können sich auf der Stielklappe zwei Furchen bilden. Der aufgerichtete Schnabel ist massiv und krümmt sich über die Stielklappe vor. Das meso- bis permesothyride Stielloch ist in der Regel rund, seltener leicht labiat.

Im juvenilen Stadium – bis zur Länge von ca. 25 mm – bleibt die Armklappe besonders flach. Der Umriss ist fast kreisförmig und die Front rektimarginat. Wegen des großen Unterschieds im Erscheinungsbild werden juvenile Formen oft für andere Arten gehalten.

Verwechslungsmöglichkeiten:

Loboidothyris gigas ist sehr ähnlich und wird auch sehr groß, fällt aber meist breiter aus und hat eine kräftige Sulciplikation der Front.

Argovithyris stockari ist auch im adulten Stadium flacher und hat einen eher kreisförmigen Umriss und hat schon bei einer Länge von 20 mm eine deutlich uniplikate Front.

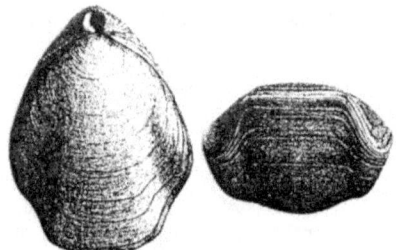

Ter. bisuffarcinata, Weisser Jura γ, Salmendingen (aus QUENSTEDT, 1871)
= *Colosia zieteni*

Colosia zieteni
(From *Treatise on Invertebrate Paleontology*, courtesy of and ©2006,
The Geological Society of America and the University of Kansas)

Die Brachiopoden des deutschen Malm

Colosia zieteni, Würgau, Malm β, L=30mm

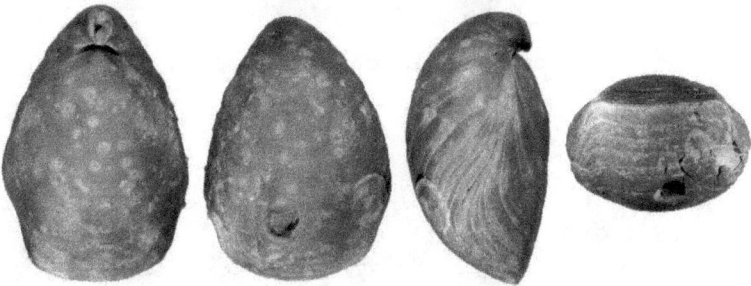

Colosia zieteni (typische Form), Böttingen, Malm γ, L=38mm

Colosia zieteni, Würgau, Malm β, L=36mm

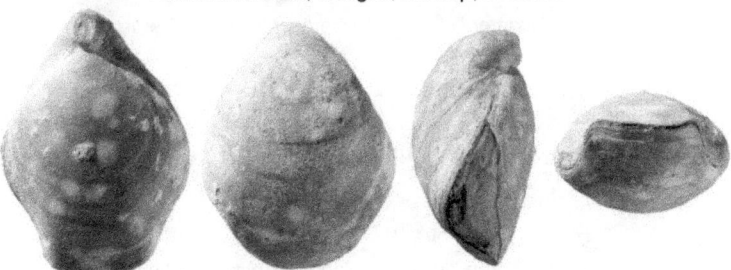

Colosia zieteni, Friesenwarte/Kälberberg, Malm γ, L=36mm

Colosia zieteni, Laibarös, Malm γ, L=37mm

Colosia zieteni (mit Furchen in der Stielklappe), Ludwag, Malm γ, L=42mm

Colosia zieteni (juvenil), Laibarös, Malm γ, L=21mm

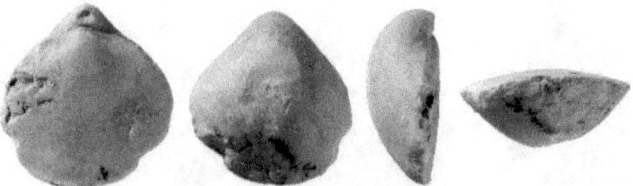

Colosia zieteni (juvenil), Laibarös, Malm γ, L=24mm

Dictyothyris

Die Typusart *Dictyothyris coarctata* (PARKINSON, 1811) kommt in Deutschland nicht vor. Da sie aber aus dem oberen Bathon von England und Frankreich sehr bekannt ist und die typischen Merkmale der Gattung besonders gut zeigt, wird sie hier zum Vergleich mit den deutschen Arten abgebildet.

Dictyothyris coarctata, netzartige Schalenverzierung gebildet aus Zapfen auf den feinen Rippen (stark vergr.)

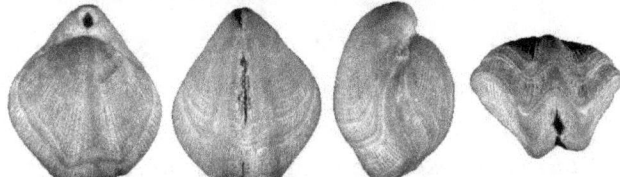

Dictyothyris coarctata, Luc-sur-Mer, Dept. Calvados, F, Ob. Bathon, L=16mm

Dictyothyris alba (QUENSTEDT)

alba (lat.) = blank, weiß.

Syn. *Terebratula coarctata alba* (QUENSTEDT).

Reichweite: Malm α – ε, vorwiegend aber im Malm α – γ.

Fundortbeispiele: Lochen bei Balingen, Laibarös, Tiefenellern, Sengenthal, Nusplingen, Oerlinger Tal.

Klein (Länge: 8 – 14 mm). Das Gehäuse ist bikonvex, wobei die Stielklappe stärker gewölbt ist. Der pentagonale Umriss ist bei kleineren, juvenilen Exemplaren stark, bei älteren Exemplaren weniger gerundet und leicht bilobat werdend. Die Oberfläche zeigt nur Anwachslinien und ist ansonsten glatt. Erst bei genauerer Betrachtung mit der Lupe offenbart sie ein feines Punktraster, gebildet durch feine Löcher in der Schale (punctat). Die Seitenkommissur ist stark zur Armklappe gebogen, die Frontkommissur charakteristisch antiplikat ausgebildet. Die damit korrespondierenden Furchen und Wülste enden noch vor den Wirbeln. Oft ist das Medianseptum der Armklappe zu erkennen, das fast bis zur Mitte der Klappe reicht. Der Schnabel ist niedrig und das Stielloch klein.

Weisser Jura γ, Nusplingen   Weisser Jura ε, Oerlinger Thal
T. coarctata alba (aus QUENSTEDT, 1871)

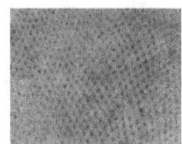

Dictyothyris alba, Punktraster-Schalenverzierung (stark vergr.)

Dictyothyris alba, Tiefenellern/Steige, Malm α, L=11mm

Dictyothyris alba, Laibarös, Malm γ, L=10mm

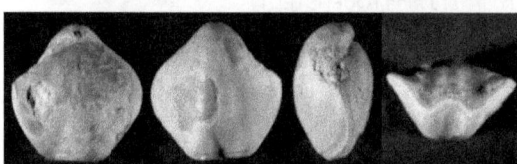

Dictyothyris alba, Laibarös, Malm γ, L=11mm

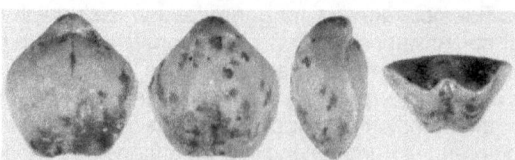

Dictyothyris alba, Ludwag, Malm γ, L=13mm

Dictyothyris kurri (OPPEL, 1857)

Benannt nach dem deutschen Geologen und Oberstudienrath von Kurr.

Syn. *Terebratula reticularis* v. BUCH, *Terebratella kurri*, *Terebratula reticulata*, *Retzia reticulata*, *Terebratulites reticulata* SCHLOTHEIM, *Dictyothyris rollieri* HAAS, *Dictyothyris birmensdorfensis* ROLLIER.

Reichweite: Malm α – ζ2, vorwiegend aber im Malm α.

Fundortbeispiele: Lochen bei Balingen, Plettenberg bei Balingen, Ludwag/Frankenalb, Engelhardsberg, Schlüpfelberg zw. Sulzbürg u. Mühlhausen, Sengenthal, Rüsselbach, Streitberg, Spielberg/Hahnenkamm.

Klein (Länge: 9 – 16 mm). Das Gehäuse ist bikonvex und besitzt einen kreisförmigen bis längsovalen oder auch subpentagonalen Umriss. Der kräftige und breite, wenig bis gar nicht gekrümmte Schnabel weist ein recht großes Stielloch auf. Die Arialkanten sind stark gerundet. Die Oberfläche trägt zahlreiche feine Rippen, die bei den Anwachslinien mit Knötchen besetzt sind, so dass eine gitterartige Struktur entsteht. Die Seitenkommissur ist fast gerade, die Frontkommissur Mal weniger Mal stärker aber immer sehr typisch antiplikat ausgebildet. Entsprechend treten die Furchen und Wülste auf den Klappen mal weniger Mal stärker in Erscheinung. Die für die Gattung typische Mittelfurche auf der Stielklappe ist aber in der Regel flach und breit. Die Armklappe trägt ein Medianseptum. Trotz der hohen Variabilität besitz *D. kurri* dennoch eine gut zu unterscheidende, typische Form und eine markante Schalenverzierung.

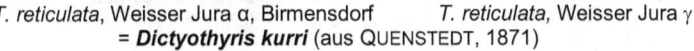

T. reticulata, Weisser Jura α, Birmensdorf   *T. reticulata*, Weisser Jura γ
= **Dictyothyris kurri** (aus QUENSTEDT, 1871)

Dictyothyris kurri, Streitberg, Malm α, L=13mm (Slg. NHG-Nürnberg)

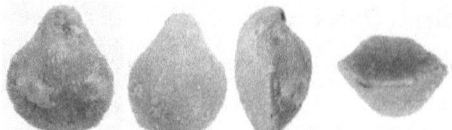

Dictyothyris kurri, Sengenthal, Malm α, L=12mm (Slg. Weißmüller)

Dictyothyris kurri, Sengenthal, Malm α, L=16mm

Dictyothyris kurri, Gräfenberg, Malm δ, L=12mm (Slg. Neumann)

Dictyothyris kurri, Spielberg, Hahnenkamm, Malm β, L=12mm

Argovithyris

Argovithyris birmensdorfensis (MOESCH, 1867)

Benannt nach dem Ort Birmensdorf in der Schweiz, nach dem auch die Birmensdorfer-Schichten des Unt. Oxford benannt sind, in denen *A. birmensdorfensis* häufig zu finden ist.

Syn. *Terebratula bisuffarcinata* (SCHLOTHEIM, 1820), *Loboidothyris bisuffarcinata birmensdorfensis*, *Loboidothyris bisuffarcinata bisuffarcinata*, *Terebratula birmensdorfensis*, *Terebratula inaequiplicata* ROLLIER, *Terebratula lochensis* ROLLIER, 1918, *Terebratula breviplicata* ROLLIER, 1918.

Reichweite: Malm α – ε.

Fundortbeispiele: Schlüpfelberg zw. Sulzbürg u. Mühlhausen, Ludwag, Geisingen, Tuttlingen, Haidhof, Litzlohe bei Oberölsbach, Leuzenberg, Lochen.

Klein bis mittelgroß (Länge: 15 – 22 mm, nur selten größer). Es kommen mäßig bikonvexe Gehäuse vor, aber auch aufgeblähte sehr stark bikonvexe. Der Umriss kann längsoval bis – häufiger vorkommend - subpentagonal sein und ist ungefähr doppelt so lang wie breit. Die größte Breite liegt bei der halben Länge oder weiter nach vorne verschoben. Die Oberfläche ist bis auf die konzentrischen Anwachsringe glatt. Die Seitenkommissur ist im vorderen Drittel stark zur Stielklappe gebogen. Die Frontkommissur ist bei juvenilen Exemplaren rektimarginat, im Alter dann uniplikat bis kräftig sulciplikat. Der relativ schmale, wenig massive

Wirbel krümmt sich über die Armklappe, so dass er fast auf ihr aufliegt. Das Stielloch ist mäßig groß, oft labiat rund und suberekt.
Im Malm α trifft man vorzugsweise auf relativ flache und nur schwach sulciplikate Formen. Im höheren Malm werden die Gehäuse dicker und die Fronten stärker sulciplikat bzw. biplikat.
Die meisten der früher unter *T. bisuffarcinata* aufgeführten Formen werden heute zu *A. birmensdorfensis* gerechnet.

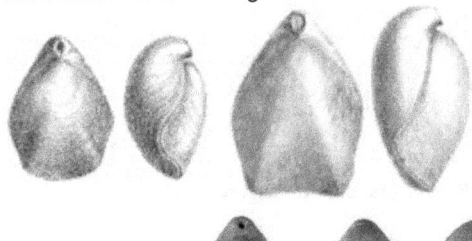

Terebratula Birmensdorfensis, A. Escher v. d. Linth., Birmensdorferschichten bei Birmensdorf (aus MOESCH, 1867) links: typ. Form, rechts: extreme Form

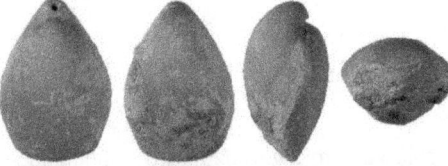

Argovithyris birmensdorfensis, Holderbank (CH), Unt. Oxford, L=22mm

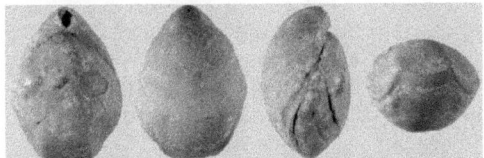

Argovithyris birmensdorfensis, Haidhof, Malm δ, L=19mm

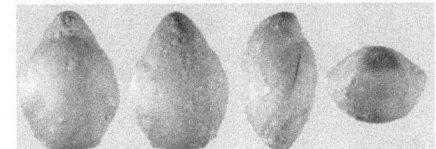

Argovithyris birmensdorfensis, Tuttlingen, Malm γ, L=18mm

Argovithyris birmensdorfensis, Spielberg, Hahnenkamm, Malm β, L=22mm

Argovithyris birmensdorfensis, Houbirg/Hersbruck, Malm β, L=15mm

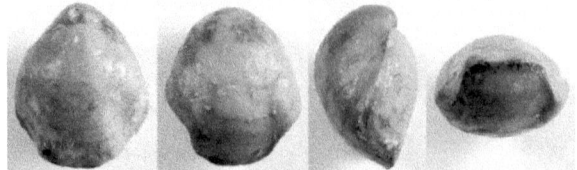

Argovithyris birmensdorfensis, Gräfenberg, Malm γ1, L=21mm

Argovithyris baugieri (d'ORBIGNY, 1849)

Reichweite: Malm α – δ.

Fundortbeispiele: Schlüpfelberg zw. Sulzbürg u. Mühlhausen, Ludwag, Geisingen, Tuttlingen, Haidhof, Litzlohe bei Oberölsbach, Leuzenberg.

Klein (Länge: 15 – 20 mm). Ähnlich wie *A. birmensdorfensis*, aber kürzer, gedrungener und aufgeblähter. Die Schalen treffen am Vorderrand in einem stumpfen Winkel aufeinander. Der Sinus und die entsprechenden Begleitfalten in der Armklappe sind nur kurz. Die Frontkommissur ist sulciplikat.

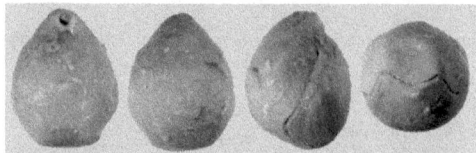

Argovithyris baugieri, Ludwag, Malm α, L=17mm

Argovithyris baugieri, Gräfenberg, Malm δ, L=15mm (Slg. Neumann)

Argovithyris stockari (MOESCH, 1867)

Reichweite: Malm α - β.

Fundortbeispiele: Sengenthal, Wutachgebiet, Lochengründle, Hohenpötz bei Bamberg, Litzlohe bei Pilsach, Spielberg/Hahnenkamm.

Mittelgroß (Länge: 20 – 35 mm, typ. 25 mm, Formen über 30 mm sind selten). Bikonvexes, aber sehr flaches Gehäuse. Der Umriss ist längsoval bis stark gerundet pentagonal. Die größte Breite liegt in der Mitte oder häufiger weiter hinten zum Wirbel hin. Der Wirbel ist nur mäßig kräftig. Das Stielloch ist rund oder gelegentlich auch labiat. Die Frontkommissur ist meist schwach sulciplikat, seltener uniplikat.

Terebratula Stockari, MOESCH. Birmensdorferschichten bei Birmensdorf. (aus MOESCH, 1867)

Argovithyris stockari, Ludwag, Malm α, L=27mm

Argovithyris stockari, Bubsheim b. Böttingen, Malm α, L=26mm

Argovithyris lucerna (WESTPHAL, 1970)

lucerna (lat.) = Lampe (wegen der Ähnlichkeit mit einem antiken Öllämpchen).

Syn. ? *Loboidothyris lucerna* WESTPHAL, 1970.

Reichweite: Malm α – δ.

Fundortbeispiele: Reichenbach/Fils, Litzlohe bei Pilsach, Heroldsmühle, Geisingen.

Klein (Länge: 10 – 15 mm, typ. 13 mm). Das Gehäuse ist kräftig bikonvex, wobei beide Klappen fast gleich stark gewölbt sind. Es besitzt einen längsovalen Umriss. Der Wirbel ist niedrig, wenig massig und besitzt ein kleines, in der Regel kreisrundes Stielloch. Die Frontkommissur ist schwach uniplikat, seltener rektimarginat.

Insgesamt gibt es wenig markante Eigenschaften, so dass die Abgrenzung zu juvenilen Formen von *Argovithyris birmensdorfensis* und anderer *Loboidothyris*-Arten schwer fällt, auch gibt es Ähnlichkeiten zur Gattung *Zittelina*, zumal hin und wieder sogar ein Medianseptum anzufinden sein soll. Man sollte deshalb den Namen nur für Formen kleiner 15 mm vergeben.

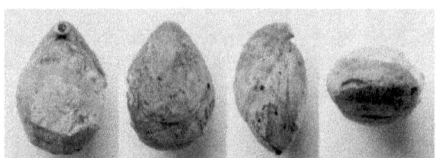

Argovithyris lucerna, Gräfenberg, Malm δ, L=13mm

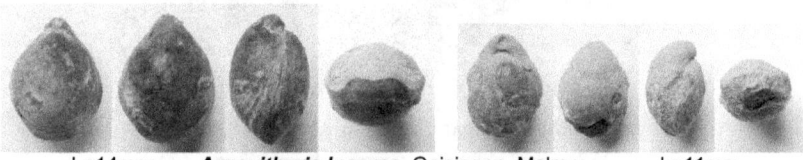

L=14mm   *Argovithyris lucerna*, Geisingen, Malm γ   L=11mm

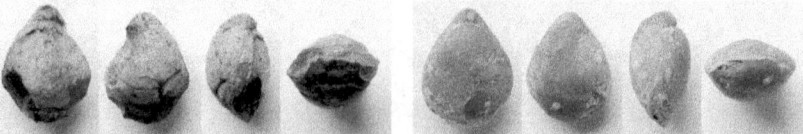

Litzlohe, Malm α, L=13mm   Klingenhof, Malm α, L=13mm
Argovithyris lucerna

Argovithyris lucerna var. globulosa

Syn. ?*Loboidothyris lucerna* WESTPHAL, 1970.

WESTPHAL hatte globose Formen aus dem Malm δ mit einem gewissen Vorbehalt zu *A. lucerna* gerechnet. Da diese Formen aber bereits im Malm α parallel zur typischen *A. lucerna* auftritt, wird es sich vermutlich um eine eigenständige Art handeln.

Reichweite: Malm α - δ.

Fundortbeispiele: Gräfenberg, Leutenbach b. Forchheim.

Klein (Länge: 10 – 17 mm). Kugelig aufgedunsenes Gehäuse mit längsovalem bis fast kreisförmigem Umriss. Glatte Oberfläche bis auf leichte Anwachslinien, im Wesentlichen in der zweiten Wachstumshälfte. Kein Wulst und kein Sinus in den Klappen. Die Seitenkommissur ist deutlich zur Stielklappe hin gebogen. Die Klappen treffen an der Front nahezu ohne Winkelbildung aufeinander (bzw. im Winkel von 180^0). Die Frontkommissur ist breit-uniplikat, sulciplikat oder biplikat ausgebildet. Der Schnabel ist niedrig und stark eingekrümmt, so dass er oft auf der Armklappe aufliegt. Das Stielloch ist klein und kreisrund. Ein Medianseptum ist nicht vorhanden.

Argovithyris lucerna var. globulosa, Ortsspitz, Malm α, L=13mm

Argovithyris lucerna var. globulosa, Gräfenberg, Malm δ, L=10mm

Argovithyris lucerna var. globulosa, Gräfenberg, Malm δ, L=12mm

Argovithyris lucerna var. globulosa, Gräfenberg, Malm δ, L=12mm (Slg. Neumann)

Argovithyris bisuffarcinata (SCHLOTHEIM, 1820)

Der früher sehr häufig benutzte Name *T. bisuffarcinata* ist heute ungültig (Gleiches gilt übrigens auch für *T. bicanaliculata* – eine ähnliche Form), da er unzureichend definiert wurde. Es wurden hierunter die meisten mittelgroßen biplikaten und sulciplikaten Formen des Malms verstanden. Heute sollten diese Formen den anderen hier beschriebenen terebratuliden Arten zugeordnet werden. Leider ist es dem Sammler aber nicht immer möglich diese Zuordnung zweifelsfrei vorzunehmen, da die Formenvielfalt doch beträchtlich ist und beliebige Übergangsformen zu finden sind.

Bevor die Verzweiflung zu groß wird, sollte man deshalb zu diesem Sammelnamen greifen, wenn man mittelgroße, kräftig gewölbte und biplikate Formen vorliegen hat, die partout nicht in andere Artbeschreibungen passen wollen.

Terebratula bisuffarcinata, Schlotheim   *Terebratula bicanaliculata*, Schlotheim
(aus ZIETEN, 1832)

Hier zwei Beispiele für schwer einzuordnende Formen:

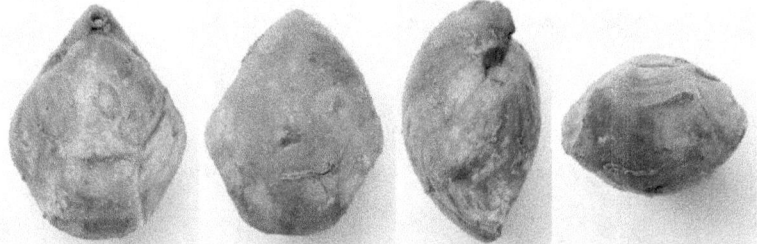

Argovithyris bisuffarcinata, Leuzenberg/Reichenschwand, Malm α, L=30mm

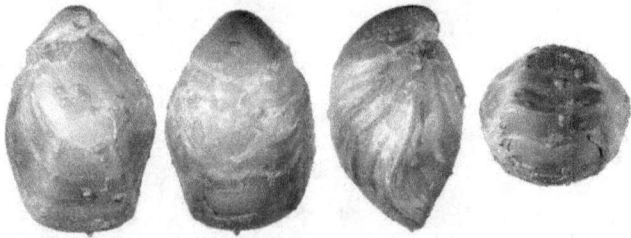

Argovithyris bisuffarcinata, Hartmannshof, Malm α, L=29mm

Habrobrochus

Habrobrochus subsella (LEYMERIE, 1846)

sub (lat.) = unterhalb; sella (lat.) = Stuhl, Sattel.

Syn. *Zeilleria subsella, Lophrothyris subsella, Epithyris subsella, Sellityhris subsella, Moeschia subsella, Xestosina subsella.*

Reichweite: Malm β – ε, häufig im Malm γ und δ.

Fundortbeispiele: Kommt nur im norddeutschen Malm vor, z.B. Linden bei Hannover, im Süntel bei Hameln, Kalkriese bei Osnabrück, Twiehausen im Wiehengebirge, Jacobsberg, Porta Westfalica, Wülfinghausen im Osterwald.

Mittelgroß (Länge: 16 – 38 mm). Das Gehäuse ist bikonvex, wobei die die Stielklappe in der Regel deutlich stärker gewölbt ist. Flachere Gehäuse sind deutlich häufiger anzutreffen als dicke, aufgeblähte. Der Umriss ist meist subpentagonal bis mehr oder weniger stark pentagonal. Er variiert aber sehr stark, so dass auch kreisförmige oder längsovale Formen vorkommen. Die größte Breite liegt ungefähr bei der halben Länge. Die konzentrischen Anwachslinien drängen sich bei ausgewachsenen Exemplaren zur Front hin. Die Frontkommissur ist bei typischen Exemplaren sulciplikat, kann aber ebenfalls stark variieren. Insbesondere bei breiten Gehäusen verflacht die Frontkommissur. Relativ oft liegen die Falten am Vorderrand dicht beieinander und sind nach oben hochgezogen. Der Wirbel ist kräftig, halb aufgerichtet und trägt ein recht großes Stielloch.

Die Variabilität ist zwar sehr groß bei *H. subsella*, trotzdem lassen sich die etwas breiteren, gerundet pentagonalen Formen mit flacherer Armklappe recht gut identifizieren.

Im schwäbisch-argovischen Malm kommt der zum Verwechseln ähnliche *Loboidothyris subselloides* vor, dessen Armgerüst sich in der Länge unterscheiden soll. In der Regel sieht der süddeutsche Bruder etwas zierlicher und flacher aus und hat auch einen weniger massigen Wirbel mit etwas kleinerem Stielloch. Die Falten am Vorderrand liegen weiter auseinander und sind nicht hochgezogen.

Im Laufe der Zeit sind verschiedene andere auch sehr ähnliche Arten aufgestellt worden, von denen unklar ist ob sie im deutschen Malm tatsächlich auftreten oder ob sie überhaupt sinnvoll abgrenzbar sind und damit ihre Daseinsberechtigung haben. Dazu gehören z.B. *Epithyris cincta* (COTTEAU, 1857), *Epithyris oxonica* ARKELL, 1931, *Epithyris haasi* (ROLLIER, 1918), *Loboidothyris undosa* (SCHMIDT, 1905), *Lobothyris baltzeri* (HAAS, 1893), *Lobothyris subformosa* (ROLLIER, 1919) und *Sellithyris pseudosella* BARCZYK, 1969.

Es wird deshalb empfohlen nur 2 Arten nach Fundgebiet zu unterscheiden:

- schwäbische Alb, Frankenjura → *Loboidothyris subselloides*
- Norddeutschland → *Habrobrochus subsella*

Terebratulida

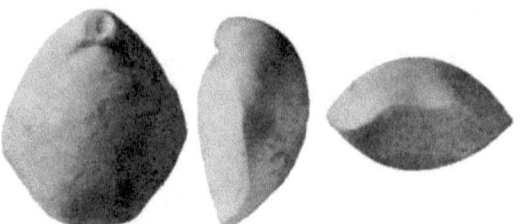

Habrobrochus subsella, Deutschland (From *Treatise on Invertebrate Paleontology*, courtesy of and ©2006, The Geological Society of America and the University of Kansas)

Habrobrochus subsella, Kalkriese bei Osnabrück, Malm γ/δ, L=26mm

Habrobrochus subsella, Kalkriese bei Osnabrück, Malm γ/δ, L=27mm

Habrobrochus subsella, Bramsche/Westfalen, Malm γ, L=35mm

Habrobrochus subsella, Twiehausen/Wiehengebirge, Malm γ, L=30mm

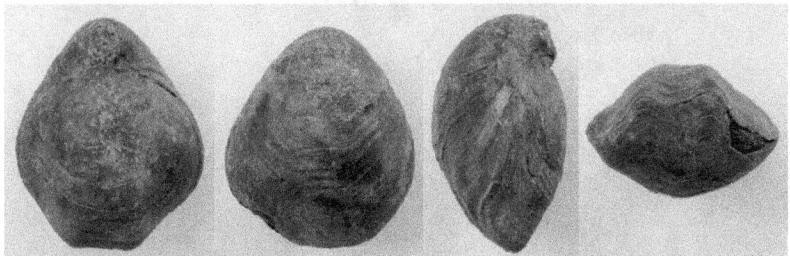

Habrobrochus subsella, Twiehausen/Wiehengebirge, Malm γ, L=29mm

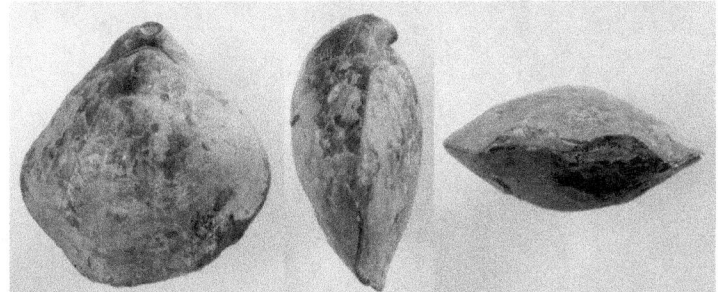

Habrobrochus subsella, Oldendorf-Süntel, Malm γ, L=33mm

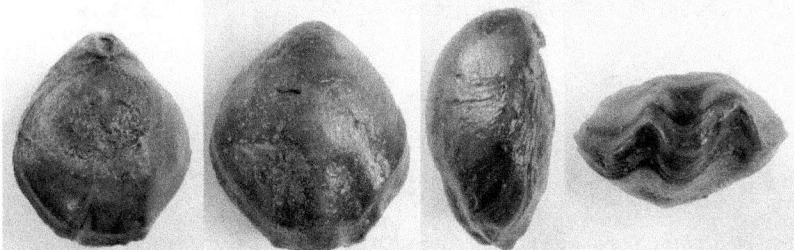

Habrobrochus subsella, Langenberg/Oker, Malm γ, L=27mm (Slg. Wegener)

Habrobrochus subsella, Pötzen-Süntel, Malm γ, L=37mm

Habrobrochus subsella, Pötzen-Süntel, Malm γ, L=38mm

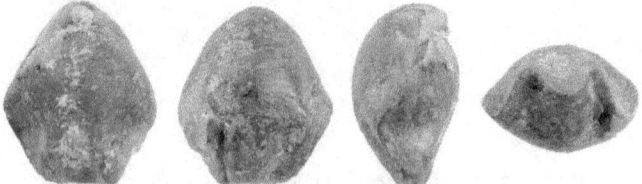

Habrobrochus subsella, Langenberg/Oker, Malm γ, L=20mm (Slg. Wegener)

Habrobrochus subsella, Langenberg/Oker, Malm γ, L=22mm (Slg. Wegener)

Heterobrochus

Heterobrochus incultus COOPER, 1983

incultus (lat.) = schmucklos, öde, roh.

Syn. *Terebratula cf. subsella, Terebratula bauhini*.

Reichweite: Malm γ - ε.

Fundortbeispiele: Fritzow bei Cammin (ehemals deutsch, heute polnisch: Wrzosowo bei Kamien, Pomorski).

Ist homöomorph mit *Habrobrochus subsella*, soll sich aber durch das Armgerüst unterscheiden. Groß, subpentagonaler Umriss, glatte Schale. Niedriger aufgerichteter Schnabel mit großem Stielloch. Sulciplikate Frontkommissur. Der Name sollte nur für Funde vom Typusort Wrzosowo und Umgebung vergeben werden.

Heterobrochus incultus, Deutschland (From *Treatise on Invertebrate Paleontology*, courtesy of and ©2006, The Geological Society of America and the University of Kansas)

Juralina

Juralina insignis (SCHUEBLER in ZIETEN, 1832)

insignis (lat.) = auffallend, kennzeichnend.

Syn. *Terebratula cf. indentata* (SOWERBY), *Terebratula lagenalis squamifera* QUENSTEDT, *Juralina feldstettensis* (ROLLIER), *Terebratula insignis cervicula* QUENSTEDT.

Reichweite: Malm ε - ζ3 (Korallenfazies).

Fundortbeispiele: Nattheim, Saal a.d. Donau (dort ist bei aufgebrochenen Exemplaren oft das Armgerüst erkennbar), Braunschweig, Mergelstetten und Sontheim a.d. Brenz (dort häufig verkieselt), Arnegg b. Ulm, Gerstetten, Herrlingen b. Ulm, Blumenthau/Bermaringen, Mörnsheim.

Groß bis sehr groß (Länge: 30 – 90 mm, typisch ca. 40 mm). Das Gehäuse ist bikonvex mit etwas flacherer Armklappe. Der Umriss ist sehr variabel und reicht von schmalen längsovalen oder subpentagonalen Formen bis zu breiten kreisförmigen oder gerundet pentagonalen Formen. Die Oberfläche ist glatt bis auf die gut sichtbaren Anwachsringe, die zur Front hin dichter werden. Die Seitenkommissur ist leicht zur Stielklappe gebogen, die Frontkommissur in der Regel breit uniplikat, bei jungen Exemplaren fast rektimarginat. Entsprechend entwickeln sich auch die Begleitfalten der Uniplikation erst mit fortschreitendem Alter. Markant ist der oft (leider aber nicht immer) sehr hohe halb aufgerichtete Schnabel, der unter dem großen Stielloch das Deltidium gut erkennen lässt.

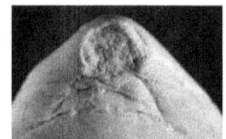

Terebratula insignis, Schübler (aus ZIETEN, 1832)

Juralina insignis, Mergelstetten, Malm ε, L=57mm

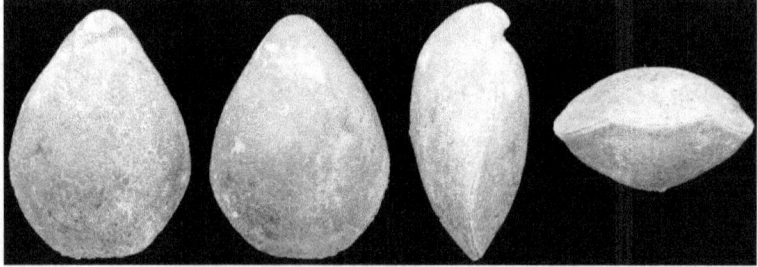

Juralina insignis, Mergelstetten, Malm ε, L=30mm

Juralina insignis, Saal/Donau, Malm ε, L=37mm

Juralina insignis, Saal/Donau, Malm ε, L=40mm

Einige Autoren haben die *Juralina*-Formen der Korallenfazies in verschiedene Arten aufgesplittet (s.u. ein Beispiel von ROLLIER). Diese sind aber für den Sammler nur schwer zu unterscheiden. Zudem gibt es immer wieder Übergangsformen, so dass die Eigenständigkeit so mancher Art zumindest zweifelhaft ist. Es wird empfohlen es bei dem Sammelnamen *Juralina insignis* zu belassen.

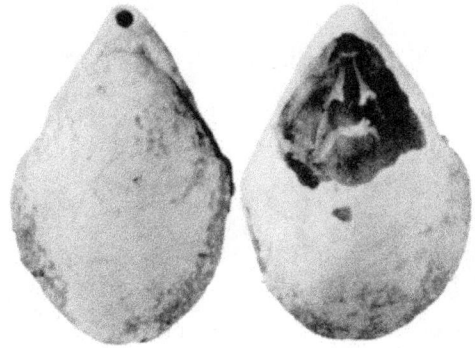

Juralina cervicula,
Deutschland, Ob. Jura

(From *Treatise on Invertebrate Paleontology*, courtesy of and ©2006,
The Geological Society of America and the University of Kansas)

Juralina sp.

In der Schwammfazies des höheren Malms kommen recht häufig längsovale Terebratuliden mit konvexer Stielklappe und mit uniplikater bis leicht sulciplikater Frontkommissur vor, die sich nur schwer zuordnen lassen. Obwohl diese sehr den *Loboidothyris*-Arten ähneln, wird empfohlen diese Formen mit *Juralina sp.* zu bezeichnen. *Juralina* ist im höheren Malm eher zu Hause als Loboidothyris. Hier zwei Beispiele:

Varietät A

Längsovale, recht schmale Form mit kleinem Stielloch aus dem Malm δ.

Juralina sp., Gräfenberg, Malm δ, L=23mm (Slg. Neumann)

Juralina sp., Gräfenberg, Malm δ, L=27mm

Varietät B

Längsovale bis fast kreisförmige Formen mit großem Stielloch aus dem Malm δ und ε.

Juralina sp., Haidhof b. Gräfenberg, Malm δ, L=25mm

Juralina sp., Engelhardsberg, Malm ε, L=30mm

Juralina sp., Engelhardsberg, Malm ε, L=38mm

Placothyris
Placothyris rollieri (HAAS, 1893)

Benannt nach dem Schweizer Geologen Louis Rollier (1859-1931).
Syn. *Loboidothyris cf. ulmensis* (ROLLIER).
Reichweite: Malm α – ζ3.
Fundortbeispiele: Gräfenberg/Frankenalb, Schlüpfelberg zw. Sulzbürg u. Mühlhausen, Beuron/Donau, Lochengründle/Balingen, Salmendingen, Bosler, Spielberg/Hahnenkamm.
Mittelgroß bis groß (Länge: 25 – 45 mm, typ. 35 mm). Kräftiges, bikonvexes Gehäuse, wobei die Stielklappe deutlich stärker gewölbt ist. Der Umriss ist meist länglich subpentagonal, kann aber auch etwas breiter gerundet pentagonal sein. Auf der Oberfläche sind viele, dichtgedrängte Anwachsringe zu erkennen. Die Seitenkommissur ist stark zur Stielklappe gebogen, die Frontkommissur breituniplikat bis schwach sulciplikat. Mit der Plikation werden oft zwei seitliche Wülste auf der Armklappe und seltener zwei schmale Furchen auf der Stielklappe angelegt. Der Wirbel ist meist schmal und trägt ein mäßig großes, labiates (lippenförmiges) bzw. tropfenförmiges Stielloch.

Im Malm α finden sich vorwiegend etwas breitere, deutlich pentagonale Formen.
Im höheren Malm kommen verstärkt schlankere Formen hinzu.

Ter. bisuffarcinata
Weiß. γ, Lochen
(aus QUENSTEDT, 1858)

Ter. orbis

Ter. bisuffarcinata
Weiß. γ, Bosler
(aus QUENSTEDT, 1871)

= *Placothyris rollieri*

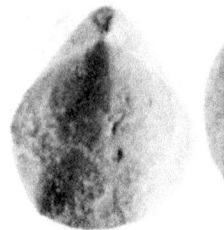

Placothyris rollieri, Schweiz, Oxford (From *Treatise on Invertebrate Paleontology*, courtesy of ©2006, The Geological Society of America and the University of Kansas)

Placothyris rollieri, Laibarös, Malm γ, L=27mm

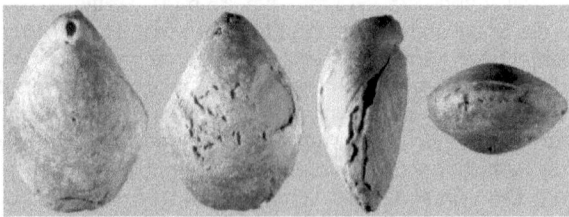

Placothyris rollieri, Lochen, Malm γ, L=23mm

Placothyris rollieri, Spielberg, Hahnenkamm, Malm β, L=28mm

Nucleata

Nucleata nucleata (SCHLOTHEIM, 1820)

nucleatus (lat.) = wie ein Kern geformt.

Syn. *Terebratulites nucleatus* SCHLOTHEIM, 1820, *Pygope nucleata, Nucleata bouei* (ZEUSCHN.), *Glossothyris nucleata, Waldheimia nucleata, Vjalovithyris nucleata.*

Reichweite: Malm α – δ, vorwiegend jedoch im Malm γ.

Fundortbeispiele: Kirchheim bei Bopfingen, Lochengebiet, Gruibingen, Mieringen, Laibarös/Frankenalb, Tiefenellern, Ludwag, Amberg, Schlüpfelberg zw. Sulzbürg u. Mühlhausen, Spielberg/Hahnenkamm.

Klein bis mittelgroß (Länge: 10 – 20 mm). Das Gehäuse ist bikonvex und recht kugelig dick. Die Stielklappe ist dabei stärker gewölbt mit Neigung zur Firstbildung in der Mitte. Der Umriss ist gestutzt kreisförmig und vorne deutlich eingedellt (bilobat). Auf der Oberfläche finden sich schwache Anwachsringe, ansonsten ist sie glatt. Die Seitenkommissur ist fast gerade und biegt nur ganz vorne stark zur Stielklappe hin ab. Die Frontkommissur ist tief unisulkat, mal rund mal eckig. In der Armklappe bildet sich dadurch ein tiefer Sinus, der sich bis zum Wirbel V-förmig verjüngt. Der suberekte bis erekte, niedrige Schnabel trägt ein mittelgroßes Stielloch, was aber in der Größe stark variieren kann. Es ist kein Medianseptum vorhanden.

N. nucleata ist fast immer mit *Lacunosella*-Arten vergesellschaftet und ist wegen der charakteristischen Form mit dem tiefen Sinus und der sulkaten Front leicht zu erkennen. Zu Verwechslungen kann es lediglich bei juvenilen Formen mit *Zittelina friesenensis* kommen, die aber ein Medianseptum besitzen.

Ter. nucleata, Weiß. γ
Lochen (aus QUENSTEDT, 1858)

Terebratula nucleata, Schlotheim
(aus ZIETEN 1832)

Terebratulida

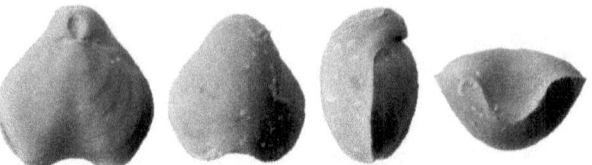

Nucleata nucleata, Ludwag, Malm γ, L=14mm

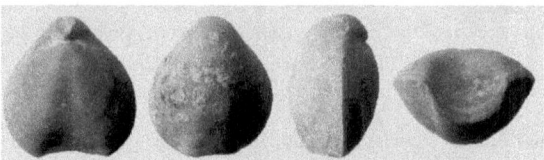

Nucleata nucleata, Ludwag, Malm γ, L=16mm

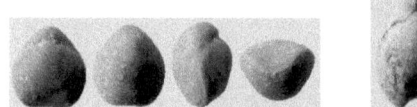
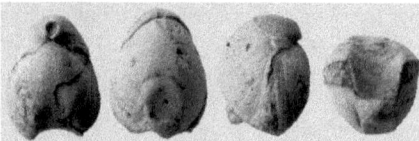

Ludwag, Malm γ, L=7mm Litzlohe, Malm α, L=12mm
Nucleata nucleata

Nucleata nucleata, Ludwag, Malm γ, L=14mm

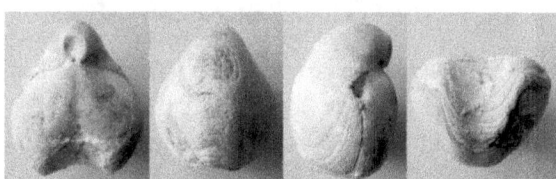

Nucleata nucleata, Laibarös, Malm γ, L=18mm

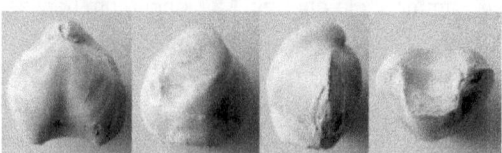

Nucleata nucleata, Laibarös, Malm γ, L=15mm

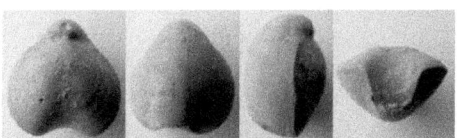

Nucleata nucleata, Tuttlingen, Malm γ, L=14mm

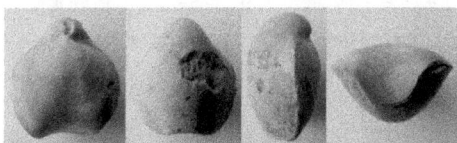

Nucleata nucleata, Heroldsmühle, Malm β, L=15mm

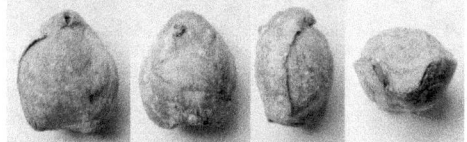

Nucleata nucleata, Gräfenberg, Malm δ, L=14mm

Terebratulina

Terebratulina substriata (SCHLOTHEIM, 1820)

sub (lat.) = fast wie; striatus (lat.) = gerieft, gestreift.

Syn. *Terebratulina cf. striatula* ZIETEN.

Reichweite: Malm α – ε, vorwiegend in der schwäbisch-argovischen Schwammfazies.

Fundortbeispiele: Schafloch bei Amberg, Haidhof, Geisingen, Heroldsmühle, Gräfenberg, Engelhardsberg, Arnegg b. Ulm, Burgsalach-Indernbuch, Dillberg/Neumarkt.

Klein (Länge: 7 – 14 mm). Das Gehäuse ist bikonvex aber in der Regel sehr flach. Der Umriss variiert von kreisförmig bis rhomboidal. Die Oberfläche ist mit sehr feinen Rippen verziert, die sich zu Seite hin wegbiegen. Die Seitenkommissur ist mehr oder weniger stark zur Stielklappe gebogen, die Frontkommissur rektimarginat bis deutlich uniplikat erhoben. Auf der Armklappe kann sich ein medianer Wulst bilden. Es gibt wenige aber dafür umso deutlicher sichtbare Anwachslamellen, die sich dachziegelartig übereinanderlegen. Der Schlossrand ist verhältnismäßig gerade, der Schnabel halb aufgerichtet, das Stielloch groß und mesothyrid bis permesothyrid gelegen.

Terebratula substriata, Weiß. γ, Hohenstaufen (aus QUENSTEDT, 1858)

Terebratulina substriata, ein sehr typisches Exemplar

Tiefenellern/Steige, Malm α, L=12mm   Bamberg, Malm γ, L=13mm
Terebratulina substriata

L=7mm   *T. substriata*, Geisingen, Malm γ   L=10mm

T. substriata, Haidhof, γ, L=11mm   *T. substriata*, Heroldsmühle, β, L=11mm

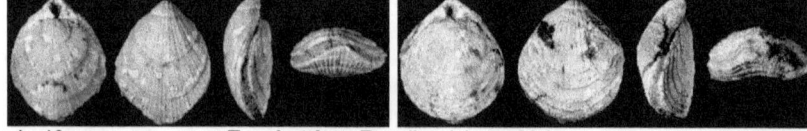

L=10mm   *T. substriata*, Engelhardsberg, Malm ε   L=11mm

Die Art ist sehr variabel. Die Rippen können mal grober Mal feiner sein. Es kommen rhomboidale Formen mit firstartigem Wulst auf der Armklappe vor, aber auch gleichmäßig gewölbte, schlanke, längsovale Formen, so dass man leicht geneigt sein kann, immer wieder neue Arten zu erkennen.

Geringe Größe, flache Gehäuse, feine, häufig dichotomierende Berippung und deutliche Anwachslamellen machen die Art trotz der großen Variabilität leicht identifizierbar.

QUENSTEDT hat Variationen der Gehäuseform von *T. substriata* unterteilt in:
- *T. substriata minor* QU. (klein)
- *T. substriata silicea* QU. (größer, gröber, noch im ζ)
- *T. substriata alba* QU. (kleiner, rundlicher, z.B. Lochen)
- *T. substriata marmorea* QU. (größer, gröbere Rippen, z.B. Kehlheim)

Diese Varianten werden heute im Allgemeinen nicht als eigenständige Arten betrachtet, da die inneren Merkmale kaum zu unterscheiden sind. Sie müssen deshalb bei der Bestimmung nicht berücksichtigt werden.

Wegen der Reichweite noch in den Malm ζ hinein soll hier nur noch T. silicea separat vorgestellt werden.

Terebratulina silicea (QUENSTEDT, 1858)

Syn. *Terebratula substriata silicea*.

Reichweite: Malm ε - ζ3.

Fundortbeispiele: Saal/Donau, Nattheim, Mörnsheim.

Klein (Länge: 10 – 18 mm). Das Gehäuse wird größer als das von *T. substriata*. Die Rippen sind grober, die Frontkommissur ist stärker gebogen.

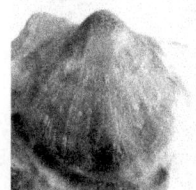

T. substriata silicea, Weisser Jura ε, Nattheim (aus QUENSTEDT, 1858)

Terebratulina silicea, Mörnsheim Unt. Tithon (Malm ζ3), L=14mm

Terebratulina silicea, Saal/Donau, Malm ε, L=15mm

Aulacothyris

Aulacothyris impressa (ZIETEN, 1834)

impressio (lat.) = Eindruck (vermutl. bezogen auf die Einsenkung in der Armklappe).

Syn. *Waldheimia impressa* (BRONN), *Aulacothyris bernardina* (D'ORBIGNY).

Reichweite: Malm α, fast ausschließlich in den Impressa-Mergeln bzw. Impressa-Tonen der schwäb. Alb (Malm α2).

Fundortbeispiele: Reichenbach im Täle bei Geislingen, Schönberg bei Wißgoldingen, Geigerbank von Aalen, Braunenberg bei Aalen, Blumberg.

Klein (Länge: 10 – 13 mm). Das Gehäuse ist bikonvex, wobei die Armklappe deutlich flacher ausfällt. Der Umriss ist kreisförmig, stark gerundet pentagonal oder subquadratisch. Die Oberfläche ist glatt bis auf Anwachslinien, die sich zum Vorderrand hin enger werden. Die Seitenkommissur biegt sich leicht zur Armklappe, die Frontkommissur ist unisulkat. Charakteristisch ist – wie für alle Aulacothyris-Arten – die mediale Einsenkung der Armklappe, die bis über die Mitte Richtung Wirbel reicht. Der vom Wirbel ausgehende Kiel auf der Stielklappe verflacht sich zur Front hin. Der Schnabel ist gedrungen und aufgerichtet bis leicht eingekrümmt, das Stielloch verhältnismäßig klein, die Arialkanten scharf. Oft ist das Medianseptum auf der Armklappe zu erkennen, das über die Hälfte der Klappe hinausreicht.

A. impressa ist nur ganz selten mit anderen Brachiopodenarten vergesellschaftet.

Terebratula impressa, de Buch (aus ZIETEN, 1832)

Terebr. impressa, Weiß. α Reichenbach (aus QUENSTEDT, 1858)

Aulacothyris impressa, Braunenberg bei Aalen, Malm α, L=12mm

Cheirothyris

Cheirothyris fleuriausa (D'ORBIGNY, 1850)

fleur (franz.) = Blume.

Syn. *Neotrigonella fleuriausa*, *Trigonella fleuriausa*, *Terebratula aculeata* CATULLO, *Waldheimia trigonella* (SCHLOTHEIM), *Megerlea trigonella* (SCHLOTHEIM), *Cheirothyris britaensis* MAKRIDIN, *Zeilleria fleuriausa*.

Reichweite: Malm β – ζ2, in Norddeutschland im Korallenoolith, in Süddeutschland vorwiegend in der Korallenfazies des Malm ε – ζ2.

Fundortbeispiele: Ith bei Dielmissen, Schelklingen bei Ulm, Nusplingen, Nattheim, Bolheim b. Heidenheim, Arnegg b. Ulm, Dischingen, Zähringen, Ulm-Örlingen, Sotzenhausen, Rauschberg bei Ober-Schmeren, Dillberg b. Neumarkt.

Mittelgroß (Länge: 15 – 30 mm). Das Gehäuse ist bikonvex, wobei die Stielklappe etwas stärker gewölbt ist. Der Umriss ist in der Regel subpentagonal. Jede Schale trägt 4 sehr markante, schmale, gratförmig hochstehende Rippen. Zwischen den Rippen befinden sich 3 breite Felder, die gleichmäßig mit zahlreichen Anwachslinien verziert sind. Gelegentlich enthalten die Felder noch kurze Zwischenrippen. Die Rippen der Stielklappe und der Armklappe stehen exakt gegenüber, was *C. fleuriausa* unverkennbar macht (metacarinate Frontansicht). Zudem ragen die Rippen bei guter Erhaltung über den Vorderrand hinaus. Der Schnabel ist sehr niedrig, das erekte Stielloch ist rund, relativ groß und begrenzt durch die Rippenenden. Die Seitenkommissur ist gerade, die Frontkommissur rektimarginat. Gelegentlich ist *C. fleuriausa* auch verkieselt im Korallenkalk zu finden.

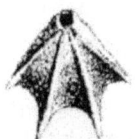

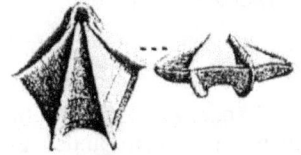

Ter. trigonella
Malm ε, Nattheim
(aus QUENSTEDT, 1858)

Ter. trigonella
Ws. Oolith, Ulmer Steige

Ter. trigonella
Weisser Jura ζ, Bach
(aus QUENSTEDT, 1871)

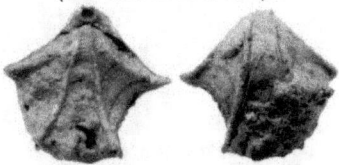

Cheirothyris fleuriausa, Deutschland
(From *Treatise on Invertebrate Paleontology*, courtesy of and ©2006, The Geological Society of America and the University of Kansas)

Cheirothyris fleuriausa, Malm β, Dillberg b. Neumarkt, L=12mm

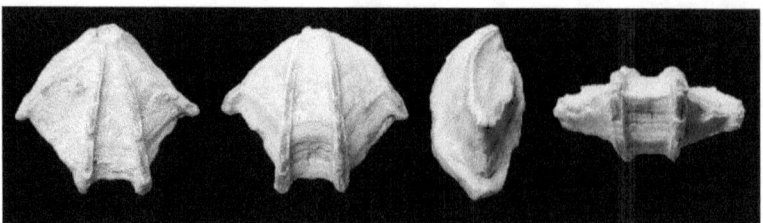

Cheirothyris fleuriausa, Ile de Re, Charante-Maritime, F, Ob. Oxford, L=15mm

Cheirothyris fleuriausa, Ile de Re, Charante-Maritime, F, Ob. Oxford, L=16mm

Ornithella

Ornithella lampadiformis (ROLLIER, 1919)

lampadiformis : in der Gestalt an eine antike Öllampe erinnernd.

Syn. *Ornithella lampas* (SOWERBY).

Reichweite: Malm α - δ.

Fundortbeispiele: Henneberg bei Hormersdorf, Schlüpfelberg zw. Sulzbürg u. Mühlhausen, Benzenzimmern.

Groß (Länge: 25 – 35 mm). Kräftiges, bikonvexes Gehäuse mit längsovalem bis leicht rhomboidalem Umriss. Die größte Breite liegt dabei oberhalb der Mitte. Die Arialkanten sind scharf, aber nur kurz. Die Frontkommissur ist rektimarginat.

Waldheimia lampas, Sow.
Supra-Coralline Bed
Abbotsbury, Dorsetshire
(aus DAVIDSON, 1878)

Terebratula lampas
Weisser Jura β   Weisser Jura γ
(Fo. nicht benannt)   Benzenzimmern
(aus QUENSTEDT, 1871)
= *Ornithella lampadiformis*

Ornithella lampadiformis, Heroldsmühle, Malm β, L=26mm

Ornithella lampadiformis, Henneberg, Malm δ
(Steinkern aus dem Frankendolomit), L=28mm

Ornithella moeschi (MAYER in MOESCH, 1867)

Benannt nach dem Schweizer Geologen Casimir Mösch (1827-1898).

Syn. *Digonella moeschi*, *Zeilleria sorlinensis* HAAS, *Zeilleria girardoti* ROLLIER, *Zeilleria ledonica* ROLLIER.

Reichweite: Malm α - ε.

Fundortbeispiele: Gräfenberg, Tiefenellern, Teuchatz.

Mittelgroß (Länge: 15 – 25 mm). Das Gehäuse ist gleichmäßig bikonvex und kugelig aufgebläht, so dass die Schalen in einem sehr stumpfen Winkel aufeinandertreffen. Der Umriss ist gestutzt längsoval bis gerundet pentagonal. Auf der Oberfläche sind bei guter Erhaltung zahlreiche Anwachslinien zu erkennen. Die Front ist bilobat. Die zwei vorne leicht vorstehenden Hörner lassen den Umriss sackförmig erscheinen. Das Stielloch ist suberekt bis erekt. Das Medianseptum ist sehr lang und reicht über die halbe Schalenlänge hinaus.

Terebratula Moeschi (Waldheimia), MAYER.
Crenularisschichten bei Lauffohr im Aargau.
(aus MÖSCH, 1867)

Terebratula indenta
Weisser Jura ε, Nattheim
(aus QUENSTEDT, 1871)

Terebratulida

Ornithella moeschi, Steinkern mit sichtbarem Medianseptum

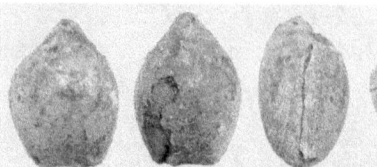

Ornithella moeschi, Tiefenellern, Malm α, L=19mm

Ornithella moeschi, Gräfenberg, Malm δ, L=21mm

Ornithella moeschi, Gräfenberg, Malm δ, L=20mm (Slg. Neumann)

Ornithella moeschi, Gräfenberg, Malm δ, L=22mm (Slg. Neumann)

Ornithella moeschi, Teuchatz, Malm γ, L=17mm

Ornithella pentagonalis (BRONN, 1841)

pentagonalis : auf den fünfseitigen Umriss anspielend.

Syn. *Zeilleria pentagonalis* (MANDELSLOH), *Microthyris pentagonalis, Waldheimia pentagonalis*.

Reichweite: Malm ε - ζ. Typisch für Schwamm- und Korallenkalk des oberen Kimmeridge.

Fundortbeispiele: Ehingen bei Engen, Hohrain bei Sigmaringen, Egesheimer Steinbruch (Plattenkalk), Nusplinger Steinbruch (Plattenkalk), Saal a.d. Donau, Schamhaupten, Arnegg b. Ulm, Nattheim.

Klein bis mittelgroß (Länge 13 – 30 mm). Das Gehäuse ist bikonvex, wobei die Stielklappe meist etwas stärker gewölbt ist. Juvenile Exemplare haben einen eher kreisförmigen Umriss, ausgewachsene sind stark gerundet pentagonal mit breiter gestutzter Front und meist ein wenig länger als breit, selten auch gestutzt längsoval. Die Schalen sind glatt bis auf schwache, regelmäßige Anwachslinien. Sie weisen weder Wulst noch Sinus auf. Der Schlossrand ist gebogen und kurz. Der Schnabel krümmt sich über die Armklappe und trägt ein rundes, permesothyrides Stielloch. Die Ausrichtung ist aufgerichtet bis leicht eingekrümmt. Die Seitenkommissur ist gerade, die Stirnkommissur rektimarginat. Ein wichtiges Merkmal – sofern sichtbar - ist das Medianseptum der Armklappe, welches bis zur halben Gehäuselänge reicht.

Terebratula pentagonalis
Weisser Jura ε, Ehingen   Weiß. ζ, Hohrain
(Neotypus aus QUENSTEDT, 1871)   (aus QUENSTEDT, 1858)

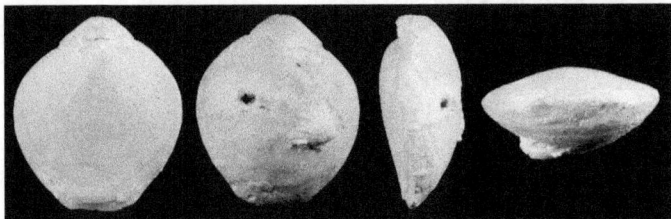

Ornithella pentagonalis, Saal a.d. Donau, Malm ε, L=20mm

Ornithella waageni (ZITTEL, 1870)

Benannt nach dem deutschen Geologen Wilhelm Heinrich Waagen (1941-1900).
Syn. *Terebratella waageni, Zittelina pentaëdra, Waldheimia pentaëdra* MUENSTER, 1863.
Reichweite: Malm δ - ζ.
Fundortbeispiele: Gräfenberg, Engelhardsberg, Oberfellendorf, Ringingen, Sozenhausen, Haidhof b. Gräfenberg.
Klein (Länge 10 – 15 mm). Das Gehäuse ist bikonvex und kann recht dick werden. Die Armklappe ist aber deutlich flacher als die Stielklappe. Der Umriss ist gerundet pentagonal, etwas länger als breit. Die größte Breite liegt hinter der Mitte zum Schnabel hin. Der Schlosswinkel ist größer als 130^0. Die Schalen treffen an der Front oft in einem sehr stumpfen Winkel aufeinander. Die Oberfläche ist mit stufigen Anwachsringen verziert. Der Schnabel ragt ein wenig über die Stielklappe hinaus. Die Seitenkommissur ist fast gerade, die Frontkommissur rektimarginat. Ein Medianseptum ist vorhanden, aber nur selten zusehen.

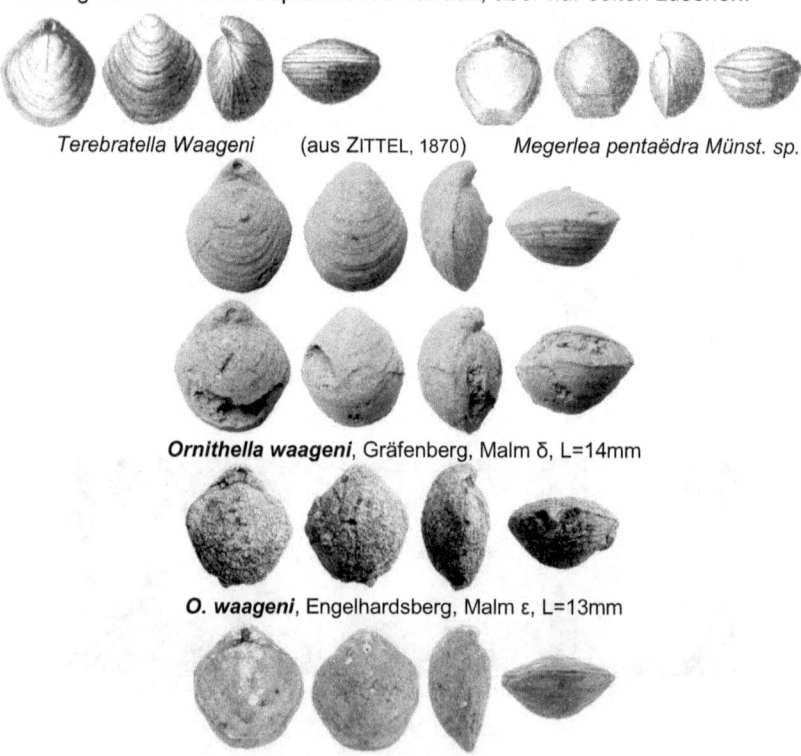

Terebratella Waageni   (aus ZITTEL, 1870)   *Megerlea pentaëdra* Münst. sp.

Ornithella waageni, Gräfenberg, Malm δ, L=14mm

O. waageni, Engelhardsberg, Malm ε, L=13mm

O. waageni, Haidhof, Malm δ, L=14mm

Ornithella pseudolagenalis (MOESCH, 1867)

pseudo (lat.) = täuschend ähnlich; lagena (lat.) = Flasche, Weinkrug.

Syn. *Waldheimia pseudolagenalis* MOESCH, *Zeilleria pseudolagenalis*.

Reichweite: Malm δ - ζ.

Fundortbeispiele: Engelhardsberg, Heroldsmühle, Noll haus/Sigmaringen.

Mittelgroß bis groß (Länge: 20 - 32 mm). Längsovaler bis langgestreckt rhomboidale Umriss. Die größte Breite liegt in der Mitte oder nur leicht darüber. Die Arialkanten sind scharf, aber nur kurz. Die Frontkommissur ist rektimarginat.

Terebratula pseudo-lagenalis, MOESCH.
Wettingerschichten an den Lägern im Aargau.
(aus MOESCH, 1867)

Terebr. lagenalis lampas
Weiß. ε, Nollhaus
(aus QUENSTEDT, 1858)

Ornithella pseudolagenalis, Engelhardsberg, Malm ε, L=20mm (Slg. NHG-Nürnberg)

Ornithella pseudolagenalis, Engelhardsberg, Malm ε, L=31mm

Zeillerina

Zeillerina humeralis (ROEMER, 1839)

humerus (lat.) = Oberarmknochen (umerus = Schulter); humeralis = auf der Schulter gezeichnet

Syn. *Waldheimia humeralis* ROEMER, *Zeilleria humeralis, Ornithella humeralis, Juralina humeralis, Zeilleria ventroplana, Terebratula parvula, Terebratula pentagonalis* QUENSTEDT.

Reichweite: Malm β - γ. Besonders häufig im sogenannten Humeralis-Oolith des norddeutschen Korallenkalks (Ob. Oxford).

Fundortbeispiele: Amelungsberg/Süntel, Wülfinghausen im Osterwald, Langenberg/Oker, Hoheneggelsen. Außerhalb Norddeutschlands kaum bekannt.

Klein bis mittelgroß (Länge: 10 – 25 mm). Das Gehäuse ist bikonvex und nicht übermäßig gewölbt. Die Armklappe ist etwas weniger gewölbt als die Stielklappe. Der Umriss ist gerundet rhomboidal und meist länger als breit. Die breiteste Stelle ist in der Mitte oder etwas oberhalb der Mitte, die dickste Stelle ebenfalls (wichtige Merkmale!). Die Schale ist meist glatt bis auf wenige Anwachsringe in Frontnähe. Auf der Armklappe ist oft das Medianseptum zu erkennen, welches nicht ganz bis zur Mitte reicht. Die Stielklappe ist in der Mitte kielartig zulaufend. Der Schnabel ist niedrig und meist eingekrümmt. Die Arialkanten sind bei typischen Exemplaren scharf ausgebildet, aber recht kurz. Die Seitenkommissur ist gerade, die Frontkommissur rektimarginat bis ganz schwach uniplikat.

Ähnliche Arten gibt es leider durch den ganzen Malm hindurch, was die Bestimmung nicht gerade leicht macht. Zudem gibt es unterschiedliche Meinungen zur stratigraphischen und geographischen Verbreitung. Einige Autoren begrenzen *Z. humeralis* auf die Humeralis-Schichten des Korallen-Oolith (Ob. Oxford/Unt. Kimmeridge) von Norddeutschland, womit sie dann ein Leitfossil wäre. Andere Autoren stellen auch Formen der schwäb. Alb und des Frankenjuras zu *Z. humeralis* und lassen sie auch noch bis in den Malm α hinunter reichen.

Für den Sammler wird empfohlen den Namen nur für norddeutsche Formen aus dem Ob. Oxford/Unt. Kimmeridge zu verwenden. Für ähnliche Formen aus dem süddeutschen Raum oder aus anderen Schichten könnte vor allen Dingen die Gattungen *Ornithella* in Frage kommen.

Terebratula humeralis
(aus ROEMER, 1839)

T. (Waldheimia) humeralis
(aus LORIOL, 1872)

Zeillerina humeralis, Langenberg b. Goslar-Oker, Malm β/γ, L=18mm

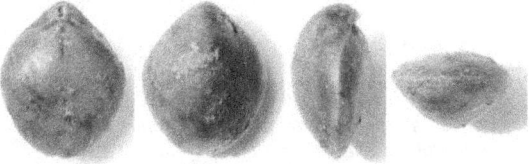

Zeillerina humeralis, Langenberg b. Goslar-Oker, Malm β/γ, L=15mm

Zeillerina humeralis, Langenberg b. Goslar-Oker, Malm β/γ, L=15mm

Zeillerina humeralis, Langenberg b. Goslar-Oker, Malm β/γ, L=15mm

Zeillerina humeralis, Langenberg b. Goslar-Oker, Malm β/γ, L=17mm

Dictyothyropsis

Diese Gattung wurde 1969 von BARCZYK aufgestellt und soll die in Deutschland sehr bekannte Gattung *Trigonellina* ersetzen. Leider kommen solche Namensänderungen zunehmend häufiger vor und sie machen es dem Sammler nicht gerade leicht immer up-to-date zu bleiben. Wirklich durchgesetzt hat sich diese Namensänderung übrigens noch lange nicht, deshalb sollte man immer im Hinterkopf behalten, dass sich hinter diesem Namen *Trigonellina* verbirgt. Der Name *Dictyothyropsis* spielt übrigens auf die Ähnlichkeit mit der Gattung *Dictyothyris* an.

Dictyothyropsis loricata (SCHLOTHEIM, 1820)

loricatus (lat.) = gepanzert (auf die röm. Brustwehr anspielend).

Syn. *Terebratulites loricatus, Trigonellina loricata, Megerlea loricata, Terebratella loricata, Ismenia loricata, Terebratula truncata.*

Reichweite: Malm α – ε, vorwiegend jedoch im Malm α.

Fundortbeispiele: Lochen, Plettenberg bei Balingen, Sengenthal, Klingenhof, Engelhardsberg, Schlüpfelberg zw. Sulzbürg u. Mühlhausen, Amberg, Nattheim, Arnegg b. Ulm, Rüsselbach, Spielberg/Hahnenkamm, Weißenburger Alb.

Klein (Länge: 6 – 14 mm). Das bikonvexe Gehäuse hat einen gerundet pentagonalen oder auch halbkreisförmigen Umriss und ist mit feinen bis gröberen, unterschiedlich hohen Rippen verziert, die sich hin und wieder verzweigen können. Durch viele, regelmäßige Anwachslinien, die die Rippen kreuzen, entsteht bei guterhaltenen Exemplaren eine gitterartige oder knotig-schuppige Skulptur. Die vordere Kommissur ist sehr scharfkantig antiplikat gefaltet. Die korrespondierenden kantig begrenzten Furchen und Wülste reichen auf beiden Klappen bis zu den Wirbeln. Die Flanken des medianen Wulstes der Armklappe tragen nur sehr schwer erkennbare feine Rippen. Der Schnabel ist halb aufgerichtet und trägt ein großes Stielloch.

Terebratula loricata, Weiß. γ, Lochen (aus QUENSTEDT, 1858)

Dictyothyropsis loricata, Spielberg, Hahnenkamm, Malm β, L=12mm

Dictyothyropsis loricata, Plettenberg, Malm α, L=10mm

Dictyothyropsis loricata, Heroldsmühle/Frankenjura, Malm β, L=13mm

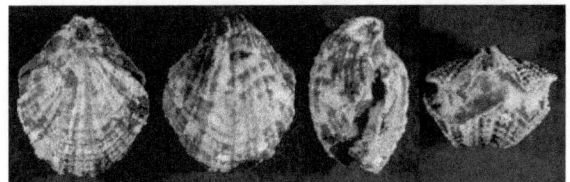

Dictyothyropsis loricata, Engelhardsberg, Malm ε, L=13mm

Dictyothyropsis? guembeli (OPPEL, 1866)

Benannt nach dem deutschen Geologen Carl Wilhelm Ritter von Gümbel (1823-1898).

Syn. *Trigonellina guembeli, Megerlia guembeli, Megerlea guembeli, Terebratella guembeli, Terebratula truncata.*

Reichweite: Malm δ – ζ, vorwiegend jedoch im Malm ε.

Fundortbeispiele: Saal/Donau, Engelhardsberg, Klingenhof, Gräfenberg.

Sehr ähnlich *Dictyothyropsis loricata*, mit etwas gleichmäßiger Berippung. Die Abgrenzung fällt nicht immer leicht, da die Gattung recht variantenreich ist und sich die Reichweiten überschneiden. Im Zweifelsfall wird deshalb empfohlen einfach nach der Fundschicht zu entscheiden:

- Malm α – δ : *Dictyothyropsis loricata*
- Malm ε – ζ : *Dictyothyropsis? guembeli*

Die Gattungszugehörigkeit ist unsicher, da es Abweichungen in der Struktur des Armgerüsts zu geben scheint.

Terebratella Gümbeli. Opp. sp. (aus ZITTEL, 1870)

Dictyothyropsis? guembeli, Engelhardsberg, Malm ε, L=7mm

Dictyothyropsis? guembeli, Klingenhof, Malm ε, L=9,5mm

Dictyothyropsis pectunculus (SCHLOTHEIM, 1820)

pecten (lat.) = Kamm, Kammmuschel; pectunculus (lat.) = Kämmchen

Syn. *Trigonellina pectunculus, Megerlia pectunculus, Megerlea pectunculus Trigonella pectunculus Terebratella pectuncula, Dictyothyris trimedia* (QUENSTEDT).

Reichweite: Malm α – ζ3, vorwiegend jedoch im Malm α. Typisch für Schwamm- und Korallenkalk, z.B. Lochen-Schichten der schwäbischen Alb.

Fundortbeispiele: Lochen, Nattheim, Plettenberg bei Balingen, Engelhardsberg, Klingenhof, Ludwag, Sengenthal, Mühlheim a. d. Donau, Schlüpfelberg zw. Sulzbürg u. Mühlhausen, Arnegg b. Ulm, Rüsselbach, Würgau.

Klein (Länge: 6 – 11 mm). Das mäßig bikonvexe Gehäuse hat einen kreisförmigen bis halbkreisförmigen (fächerförmigen) Umriss und ist mit 7 - 10 kräftigen aber schmalen Rippen in unregelmäßigen Abständen bestückt, die bei guterhaltenen Exemplaren über den Vorderrand spitz herausragen. In der Regel sind einige Einschaltrippen vorhanden, so dass nicht alle Rippen bis zu den Wirbeln reichen. Die Zwischenräume zwischen den Rippen sind breiter als die Rippen. Durch viele gleichmäßige, dicht gedrängte Anwachslinien entsteht eine spinnennetzartige Skulptur, wobei die Rippen wie mit Knötchen besetzt wirken. Die vordere Kommissur ist rektimarginat. Der Schnabel ist halb aufgerichtet und trägt ein auffallend großes Stielloch.

Terebratulit. pectunculus (aus SCHEUCHZER, 1752, zitiert von SCHLOTHEIM, 1820)

Terebratula pectunculus, Weiß. γ, Lochen (aus QUENSTEDT, 1858)

Dictyothyropsis pectunculus, Engelhardsberg, Malm ε, L=6mm

Dictyothyropsis pectunculus, Plettenberg, Malm α, L=8mm

Dictyothyropsis pectunculus, Sengenthal, Malm α, L=8mm (Slg. Weißmüller)

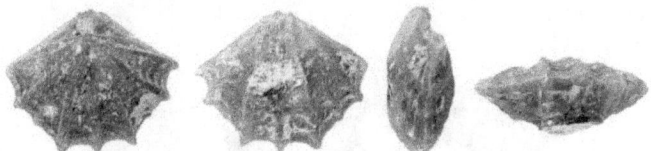

Dictyothyropsis pectunculus, Rüsselbach, Malm γ, L=6mm (Slg. NHG-Nürnberg)

Bei einer etwas dickeren und mehr kreisförmigen Variante, bei der die Rippen nur wenig über den Rand hinausgehen, könnte es sich um eine neue Art handeln.

Dictyothyropsis pectunculus, Ludwag, Malm γ, L=8mm

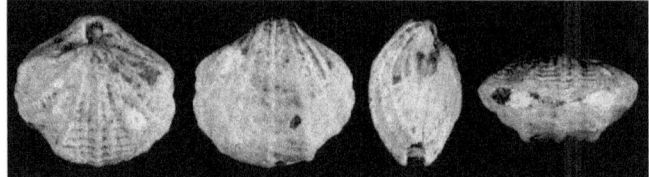

Dictyothyropsis pectunculus, Leutenbach, Malm α, L=7mm

Dictyothyropsis runcinata (OPPEL & WAAGEN, 1866)

Syn. *Trigonellina runcinata*.

Reichweite: Malm α – β, insbesondere in den Birmensdorfer-Schichten.

Fundortbeispiele: Blumberg. Bekannt aus dem französischen und schweizerischen Jura, in Deutschland eher selten.

Klein (Länge: 12 -14 mm). Das bikonvexe Gehäuse hat einen halbkreisförmigen bis längsovalen Umriss. Die Oberfläche ist mit zahlreichen etwas ungleich kräftigen Rippen verziert. Die Rippen vermehren sich deutlich zum Vorderrand hin. Die Anwachslinien werden zum Vorderrand hin dichter. Die Frontkommissur ist schwach antiplikat, oft aber auch schlicht rektimarginat. Entsprechend unauffällig sind Wülste und Furchen auf den Klappen. Die mediane Furche in der Stielklappe ist aber dennoch gut zu erkennen, da sie meist durch etwas kräftige Rippen begrenzt wird.

Dictyothyropsis runcinata, Aargau/Schweiz, Oxford, L=13mm

Zittelina

Unter der Gattung *Zittelina* werden sehr gerne die vielen kleinen Brachiopodenformen des unteren und mittleren Malms eingeordnet. Leider sind diese kleinen Formen nicht so gut untersucht und beschrieben, dass eine Bestimmung problemlos möglich wäre. Es tummeln sich hier sehr unterschiedliche Formen, bei denen man sich fragen muss, ob sie tatsächlich alle ein und derselben Gattung zugehören. Zudem ist eine Abgrenzung kleiner Arten von juvenilen Exemplaren größerer Arten der Gattungen *Loboidothyris*, *Colosia*, *Placothyris* usw. meist recht schwierig.

Unter Berücksichtigung der ursprünglichen Beschreibung von QUENSTEDT wird hier der Versuch gemacht die Arten *Z. orbis*, *Z. gutta* und später noch hinzugekommene *Z. friesenensis* für die Bestimmung durch den Sammler deutlich voneinander abzugrenzen.

Sollte eine gefundene, kleine *Terebratel* nicht in das Schema dieser drei Arten passen, so könnte es sich noch um *Loboidothyris lucerna* handeln. Passt auch das nicht, so bleibt dem Sammler nur noch die allgemeine Beschreibung „*Terebratelbrut*".

Zittelina orbis (QUENSTEDT, 1858)

orbis (lat.) = Kreis (kreisförmig).

Syn. *Megerlea orbis* QUENSTEDT, *Kingena orbis* QUENSTEDT.

Reichweite: Malm α – δ, vorwiegend im Malm α.

Fundortbeispiele: Lochenstein bei Balingen, Kasendorf bei Kulmbach, Ortspitz bei Forchheim, Sengenthal, Blasienberg bei Kirchheim, Gräfenberg, Geisingen, Hahnenkamm, Burgsalach-Indernbuch.

Klein bis mittelgroß (Länge: 8 – 17 mm). Ausgewachsen ist sie mit einer typischen Größe von 14 mm deutlich größer als die anderen *Zittelina*-Arten. Das Gehäuse ist bikonvex aber nicht sehr stark gewölbt. Die größte Dicke liegt oberhalb der Mitte liegt. Die Armklappe fällt flacher aus als die Stielklappe. Der Umriss kann kreisförmig sein (daher rührt der Name), meist ist er aber gerundet pentagonal oder subpentagonal. Alle Formen größer 10 mm und mit pentagonalem Umriss sollten nicht mehr zu anderen Zittelina-Arten gehören. Die Oberfläche ist glatt bis auf Zuwachslinien, die sich zur Front hin drängen können. Der Schnabel ist aufgerichtet und nicht eingekrümmt. Er trägt ein relativ großes, rundes Stielloch. Die Seitenkommissur ist gerade, die Frontkommissur rektimarginat. Die Armklappe trägt ein Medianseptum, das auch häufig durch die Klappe hindurch scheinend sichtbar ist und meist nicht ganz bis zur Mitte reicht.

Terebratula nucleata   *Terebratula orbis*
Weiß. γ, Lochen (aus QUENSTEDT, 1858)
= *Zittelina orbis*

Zittelina orbis, Heroldsmühle, Malm β, L=13mm

Zittelina orbis, Geisingen, Malm α, L=13mm

Zittelina orbis, Hahnenkamm, Malm γ, L=8mm

Zittelina orbis, Ortspitz, Malm α, L=13mm

Zittelina orbis, Ortspitz, Malm α, L=16mm

Zittelina orbis, Ludwag, Malm γ, L=13,5mm

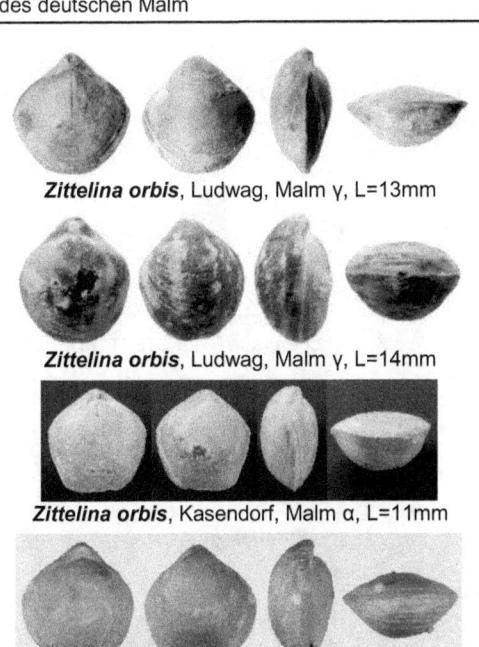

Zittelina orbis, Ludwag, Malm γ, L=13mm

Zittelina orbis, Ludwag, Malm γ, L=14mm

Zittelina orbis, Kasendorf, Malm α, L=11mm

Zittelina orbis, Region Bamberg, Malm γ, L=15mm

Zittelina orbis, Gosheim, Malm γ, L=11mm

Zittelina gutta (QUENSTEDT, 1858)

gutta (lat.) = Tropfen (auf den Umriss anspielend).
Syn. *Megerlea gutta* QUENSTEDT, *Kingena gutta* QUENSTEDT , *Terebratula trisignata* QUENSTEDT .
Reichweite: Malm α – δ, vorwiegend im Malm γ.
Fundortbeispiele: Schlüpfelberg zw. Sulzbürg u. Mühlhausen, Ludwag, Lochen, Gräfenberg, Blasienberg bei Kirchheim, Burgsalach-Indernbuch.
Sehr klein (Länge: 6 – 10 mm). Das Gehäuse ist stark aufgebläht bikonvex, fast so dick wie breit. Der Umriss ist längsoval oder tropfenförmig. Die Oberfläche ist glatt, Zuwachslinien sind nur sehr schwach ausgeprägt. Der niedrige Schnabel kann halb aufgerichtet bis leicht eingekrümmt sein. Er trägt rundes, kleines Stielloch. Die Seitenkommissur ist gerade, die Frontkommissur rektimarginat bis

leicht unisulkat. Die Armklappe trägt ein Medianseptum, das auch häufig durch die Klappe hin durchscheinend sichtbar ist, ebenso wie die zwei verlängerten Zahnstützen der Stielklappe (gilt für alle *Zittelina*-Arten).

Terebratula gutta
Weiß. γ, Lochen (aus QUENSTEDT, 1858)

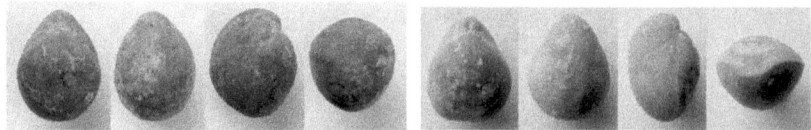

Tiefenellern, Malm α, L=11mm   Ludwag, Malm γ, L=9mm
Zittelina gutta,

L=9mm   *Zittelina gutta*, Blasienberg Kirchheim, Malm γ   L=8mm

Malm δ, L=9mm   *Zittelina gutta*, Gräfenberg   Malm γ, L=9mm

Zittelina friesenensis (SCHRUEFER, 1863)

Benannt nach dem Ort Friesen bei Bamberg.

Syn. *Kingena friesenensis* SCHRUEFER, *Waldheimia Friesenensis* SCHRUEFER, *Terebratula impressula* QUENSTEDT, *Zittelina billodensis* ROLLIER.

Reichweite: Malm α – δ, vorwiegend im Malm γ.

Fundortbeispiele: Lochenstein bei Balingen, Blasienberg bei Kirchheim.

Klein (Länge: 6 – 10 mm). Sehr ähnlich *Z. gutta*. Das Gehäuse ist bikonvex, wobei die größte Dicke oberhalb der Mitte liegt. Die Armklappe fällt oft etwas flacher aus als die Stielklappe. Der Umriss ist gerundet pentagonal bis oder kreisförmig mit gestutzter bis leicht bilobater Front. Die Oberfläche ist glatt, eventuelle Zu-

Die Brachiopoden des deutschen Malm

wachslinien drängen sich zur Front hin. Der niedrige Schnabel kann halb aufgerichtet bis leicht eingekrümmt sein und trägt ein kleines Stielloch. Die Seitenkommissur ist leicht zur Armklappe gebogen. Die Armklappe trägt wie bei allen *Zittelina*-Arten ein Medianseptum. Ein wichtiges Unterscheidungsmerkmal zu *Z. gutta* ist der bilobate Umriss, die sulkate Frontkommissur und der kurze Sinus in der Armklappe.

Megerlea friesenensis. Schrüfer sp.
Ws. Jura γ, Gruibingen (aus ZITTEL, 1870)
= *Zittelina friesenensis*

Ter. impressula, Weisser Jura γ,
Bosler, Lochen (aus QUENSTEDT, 1871)

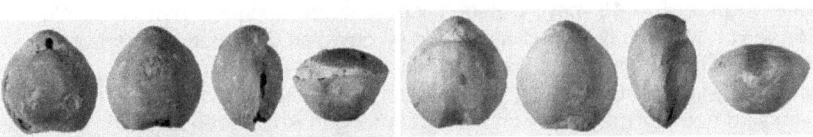

L=8,5mm   *Zittelina friesenensis*, Blasienberg Kirchheim, Malm γ   L=10mm

Z. friesenensis kann sehr leicht mit juvenilen Formen (Länge < 11 mm) von *Nucleata nucleata* verwechselt werden. Ist ein Medianseptum zu erkennen handelt es sich auf jeden Fall um *Z. friesenensis*. Ist keines erkennbar, sollte man nach folgenden Merkmalen gehen:

- **N. nucleata** (juvenil):   Armklappe relativ flach; langer und tiefer Sinus in der Armklappe, schlanke, seitlich verjüngte Wirbelpartie
- **Z. friesenensis**:   kugelig aufgebläht, gleichmäßig gewölbt; kurzer, nicht sehr tiefer Sinus in der Armklappe

oben: ***Nucleata nucleata*** (juvenil)
unten: ***Zittelina friesenensis***

Ismenia

Ismenia pectunculoides (SCHLOTHEIM, 1820)

pecten (lat.) = Kamm, Kammmuschel; pectunculoides = einer Kammmuschel ähnlich sehend.

Syn. *Terebratulites pectunculoides* SCHLOTHEIM, 1820, *Terebratella pectunculoides* ORBIGNY, *Megerlea pectunculoides*, *Megerlea tegulata* ZIETEN, *Ismenia pectunculoidea*.

Reichweite: Malm ε – ζ3 (Es gibt vereinzelt auch Funde im Malm α – δ).

Fundortbeispiele: Arnegg b. Ulm, Blumenthau/Bermaringen, Korallenfazies des fränk. Jura, z.B. Nattheim, Portlandian von Sirchingen, Saal/Donau, Engelhardsberg, Muggendorf, Amberg, Dillberg/Neumarkt.

Klein (Länge: 8 – 15 mm). Gelegentlich kommen auch Formen bis zu 20 mm Länge vor. Der Umriss des gleichmäßig bikonvexen Gehäuses variiert von kreisförmig bis halbkreisförmig. Das Gehäuse trägt 5 - 7 wellige Rippen, die in der Mitte extrem groß und kräftig sind und zur Seite hin verflachen. Die Anwachslinien sind deutlich erkennbar und in regelmäßigen Abständen über das Gehäuse verteilt und schieben sich schuppig übereinander. Der Schnabel ist niedrig und halb aufgerichtet, das Stielloch mittelgroß. Der Schlossrand ist gerade oder nur wenig gebogen.

T. pectunculoides, Nattheim (aus QUENSTEDT, 1871)

Ismenia pectunculoides, Engelhardsberg, Malm ε, L=9mm

Ismenia pectunculoides, Saal/Donau, Malm ε, L=11mm

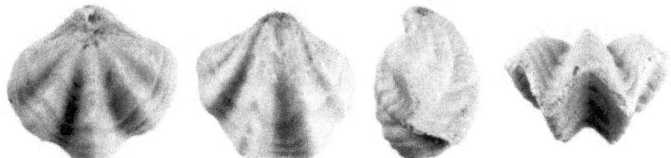

Ismenia pectunculoides, Saal/Donau, Malm ε, L=12mm

Ismenia recta (QUENSTEDT, 1858)

rectus (lat.) = gerade (bezogen auf den Schlossrand).

Syn. *Terebratula pectunculoides recta* QUENSTEDT, 1858, *Megerlea recta*.

Reichweite: Malm ε.

Fundortbeispiele: Korallenfazies, z.B. Nattheim, Saal/Donau, Oerlinger Tal, Engelhardsberg, Kehlheim-Abensberg.

Klein (Länge: 5 – 10 mm). Eine etwas kleinere Variante von *I. pectunculoides*, die einen leicht gebogenen und sehr langen Schlossrand besitzt. Dadurch bekommt sie seitlich ausschweifende Flügelspitzen, ähnlich wie ein Spiriferide. ZIETEN und QUENSTEDT glaubten ein Armgerüst festgestellt zu haben, dass von *I. pectunculoides* abweicht. Vermutlich fällt sie aber nur in die Variabilität von *I. pectunculoides*.

Terebratula recta
Weiß. ε, Nattheim
(aus QUENSTEDT, 1858)

Megerlea recta. Quenst. sp.
(aus ZIETEN, 1870)

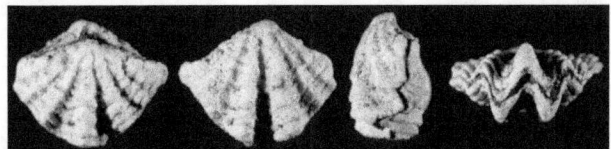

Ismenia recta, Engelhardsberg, Malm ε, L=6mm

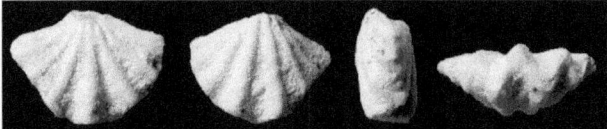

Ismenia recta, Saal/Donau, Malm ε, L=6mm

Terebratuliden-Tabelle

Zur Unterscheidung der häufigsten, aber leider sehr ähnlichen Terebratuliden sind in folgende Tabelle noch einmal die wichtigsten Merkmale zusammen gefasst (folgt im Wesentlichen WESTPHAL, 1970):

	L. gigas	*L.* sub-selloides	*C.* zieteni	*A.* birmensdorfensis	*A.* stockari	*A.* lucerna	*P.* rollieri
Reichweite	α – γ	γ (nicht Nord-D)	β - δ	α - ε	α	α - δ	α - ζ
Größe	groß	klein - mittel	mittel - groß	klein - mittel	mittel	klein	mittel - groß
Länge	30 - 60 mm typ. 45 mm	25 - 33 mm typ. 30 mm	30 - 60 mm typ. 38 mm	15 - 30 mm typ. 20 mm	20 - 35 mm typ. 25 mm	10 - 15 mm typ. 13 mm	25 - 45 mm typ. 35 mm
größte Breite	mittig - wenig weiter vorne	mittig - wenig weiter vorne	mittig - wenig weiter vorne	mittig - weiter vorne	mittig - weiter hinten	+/- mittig	mittig - weiter vorne
Konvexität	SK etwas stärker gewölbt	flach, schwach gewölbt	SK wesentlich stärker, AK oft flach	mäßig - rundlich u. stark gewölbt	nur flach gewölbt	gleichmäßig gewölbt	SK wesentlich stärker gewölbt
Umriss	gerundet pentagonal - subpentagonal	kreisförmig - längsoval	längsoval - subpentagonal	längsoval - subpentagonal	längsoval - gerundet pentagonal	längsoval	gerundet pentagonal – subpentagonal
Schnabel	kräftig	relativ massig	massig	schmal, wenig massig	schwach, wenig massig	niedrig	meist schmal
Stielloch	groß, rund, nicht labiat	groß	groß, rund - angedeutet labiat	mäßig groß, labiat	rund, mitunter labiat	rund - schwach labiat	mäßig groß, labiat
Seitenkommissur	stark zur SK gebogen	leicht geschwungen, vorne scharfes Umbiegen z. SK	vorne stark zur SK gebogen	kein scharfes Umbiegen	leicht geschwungen	leicht zur SK gebogen	stark zur SK gebogen
Frontkommissur	meist deutlich sulciplikat	uniplikat - breit sulciplikat	uniplikat - sehr schwach sulciplikat	uniplikat - kräftig sulciplikat	schwach sulciplikat, selten uniplikat	uniplikat	uniplikat - schwach sulciplikat
Falten/ Furchen		2 Falten SK, 2 Furchen AK	evtl. 2 Furchen auf SK				evtl. 2 Furchen auf SK
Sonstiges				im alpha: flach, schwach sulciplikat			im alpha: breite Formen

SK: Stielklappe
AK: Armklappe

Terebratuliden-Schlüssel

Der folgende sehr stark vereinfachte Bestimmungsschlüssel basiert nur auf sehr wenigen Eigenschaften des Gehäuses. Er sollte deshalb nur benutzt werden, wenn das Studium der Artbeschreibung und der Terebratuliden-Tabelle nicht zu einem eindeutigen Ergebnis geführt hat.

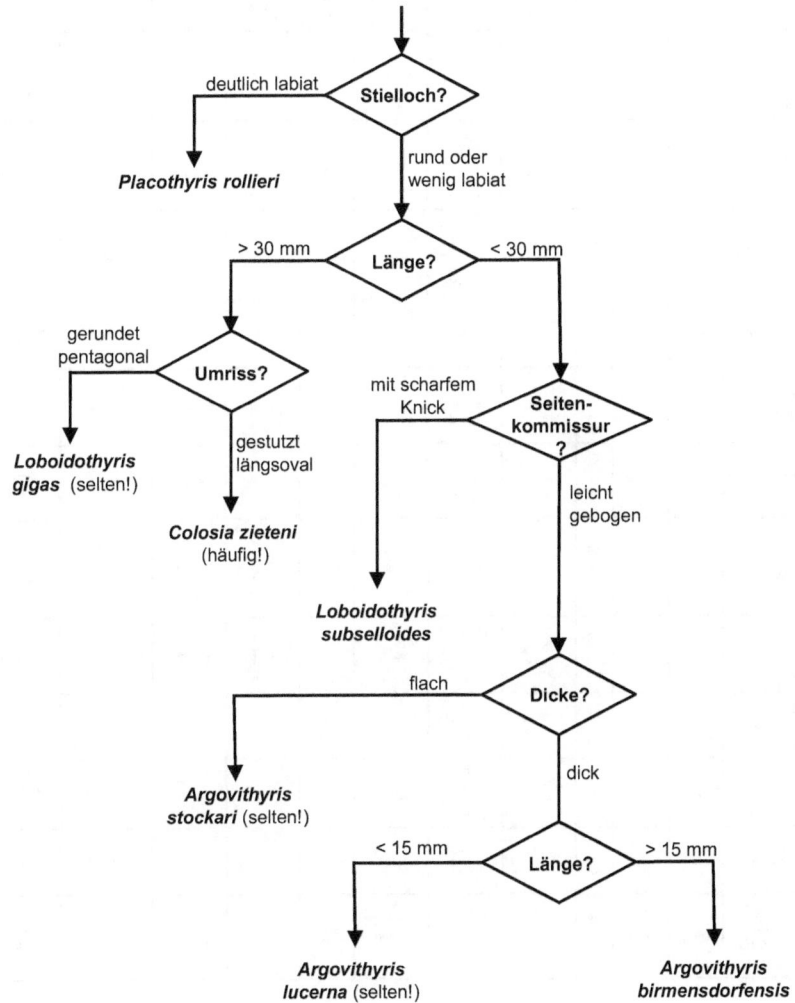

Lacunosellen-Tabelle

Zur Unterscheidung der häufigsten, aber leider sehr ähnlichen Lacunosellen sind in folgender Tabelle noch einmal die wichtigsten Merkmale zusammen gefasst:

Lacunosella	R.	Gr.	L.	Konvex.	Umriss	Asymmetrie	Rippen	Rippen auf Wulst	Rippenform	Rippenvermehrung	Sonstiges
arolica	α	mittel - groß	20 - 30	relativ flach	breitoval bis ger. pentagonal	nicht oft	9 - 11	3 - 5	stumpfkantig, unregelmäßig	nicht oft	stark eingekrümmter Wirbel
cracoviensis	β - γ	groß	20 - 35	SK flacher	ger. pentagonal bis subpentagonal	häufig	17 - 25	6 - 9	mittel, stumpf	häufig	leicht trilobat
prosimilis	β - γ	mittel - groß	20 - 35	SK flacher	ger. pentagonal bis subpentagonal	nicht oft	30 - 50	> 9	fein	sehr häufig	Wulst abgegrenzt von den Seitenteilen
subsimilis	α - ε	mittel	20 - 25	dick	breitoval	nicht oft	35 - 50	> 9	fein	häufig	Wulst nicht abgegrenzt von den Seitenteilen
multiplicata	γ - δ	groß	25 - 35	gleichm. flach bis dick	breitoval bis pentagonal	nicht oft	21 - 24	6 - 9	mittelstark	nicht oft	leicht trilobat
amstettensis	δ	mittel	20 - 25	dick	kreisförmig bis breitoval	selten	16 - 24	6 - 8	mittelstark, kantig	eher selten	klein und dick
sparsicosta	γ	mittel	15 - 22	SK flacher	ger. pentagonal bis subpentagonal	nein	6 - 8	2 - 4	grob, stumpf; flach auf den Seiten	nein	Rippen reichen nicht bis zu den Wirbeln
dilatata	β - δ	mittel	15 - 25	SK flacher	breitoval bis ger. pentagonal	selten	15 - 20	4 - 8	mittelstark	nicht oft	insges. ziemlich durchschn. Form
exaltata	α - β	groß	25 - 40	dick, gebläht	ger. pentagonal	nein	14 - 18	> 4	kräftig	selten	groß und aufgebläht
vaga	γ3 - δ	mittel - groß	20 - 30	dick, gebläht	kreisförmig bis ger. pentagonal	nein	14 - 20	4 - 6	mittelstark, kantig	nicht oft	klein und aufgebläht
visulica	γ	mittel - groß	20 - 35	SK flacher	ger. pentagonal	selten	8 - 15	4 - 6	massiv, stumpf	nicht oft	gut abgegrenzter Wulst
L. trilobataeformis	α - γ	groß	25 - 40	mittel	subpentagonal bis rhomboidal	selten	20 - 30	2 - 8	mittel, stumpf	häufig	im Alter deutlich trilobat

Lacunosellen-Schlüssel

Wie schon der Terebratuliden-Schlüssel basiert auch der Lacunosellen-Schlüssel nur auf sehr wenigen und nicht immer klar erkennbaren Eigenschaften des Gehäuses. Er ist also nur als Notbehelf anzusehen, wenn die Bestimmung nach Artbeschreibung und Bildern nicht zum Erfolg geführt hat.

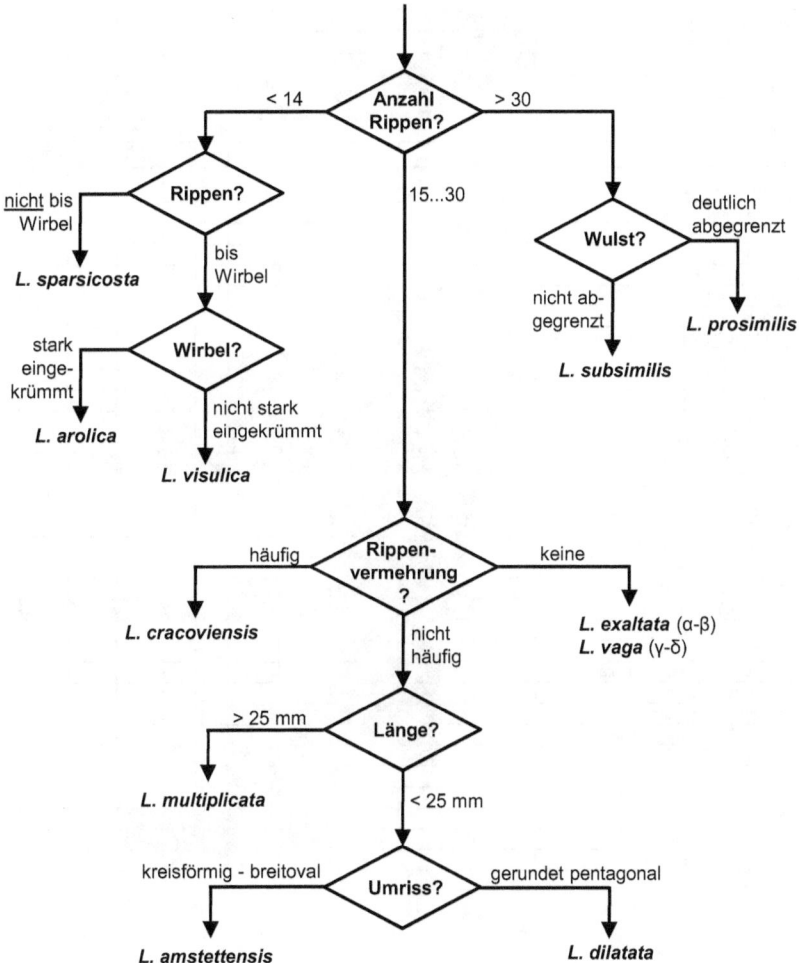

Zeittafel

	Oxford		Kimmeridge					Tithon	
	unt.	ob.	unt.		mittl.		ob.	unt.	ob.
	α	β	γ1	γ2	γ3	δ1/2	δ3/4	ε1	ε2	ζ1/2	ζ3	ζ4-6
Lingulida												
Cransicus tripartita	▓	▓										
Craniscus bipartita	▓	▓										
Craniscus porosa	▓	▓	▓	▓								
Discinisca	▓	▓	▓	▓	▓	▓	▓	▓	▓	▓	▓	▓
Craniscus corallina		▓	▓	▓	▓	▓	▓	▓	▓	▓	▓	▓
Craniscus velata									▓	▓	▓	▓
Lingula zeta										▓	▓	▓
Rhynchonellida												
Lacunosella (L.) arolica	▓											
Isjuminelina pseudodecorata	▓	▓										
Lacunosella (L.) exaltata	▓	▓										
Capillirostra finkelsteini	▓	▓										
Lacunosella (L.) trilobataeformis	▓	▓	▓									
Lacunosella sp.	▓	▓	▓									
Rhynchonelloidella fuerstenbergensis	▓	▓	▓	▓	▓	▓						
Neothecidella antiqua	▓	▓	▓	▓	▓	▓	▓					
Lacunosella (L.) subsimilis	▓	▓	▓	▓	▓	▓	▓	▓				
Monticlarella triloboides	▓	▓	▓	▓	▓	▓	▓	▓				
Monticlarella strioplicata	▓	▓	▓	▓	▓	▓	▓	▓	▓			
Echinirhynchia senticosa	▓	▓	▓	▓	▓	▓	▓	▓	▓	▓		
Monticlarella striocincta	▓	▓	▓	▓	▓	▓	▓	▓	▓	▓	▓	
Somalirhynchia moeschi				▓	▓							
Septaliphoria pinguis				▓	▓	▓						
Septaliphoria corallina				▓	▓	▓	▓					
Lacunosella (L.) cracoviensis				▓	▓	▓	▓					
Lacunosella (L.) prosimilis				▓	▓	▓	▓	▓				
Lacunosella (L.) dilatata				▓	▓	▓	▓	▓	▓			
Neothecidella ulmensis				▓	▓	▓	▓	▓	▓	▓	▓	▓
Lacunosella (L.) visulica					▓	▓	▓					
Lacunosella (L.) sparsicosta					▓	▓	▓	▓				
Lacunosella (L.) pseudoacuta					▓	▓	▓	▓				
Parabifolium priscum					▓	▓	▓	▓				
Lacunosella (L.) polita					▓	▓	▓	▓	▓			
Lacunosella (L.) multiplicata					▓	▓	▓	▓	▓			
Lacunosella (Dichotomasella)					▓	▓	▓	▓	▓			
Lacunosella (L.) vaga						▓	▓	▓				
Lacunosella (L.) amstettensis							▓	▓	▓	▓		
Lacunosella (L.) trilobata							▓	▓	▓	▓		
Torquirhynchia speciosa								▓	▓	▓		
Lacunosella (L.) silicea									▓	▓		

Die Brachiopoden des deutschen Malm

	Oxford		Kimmeridge							Tithon	
	unt.	ob.	unt.			mittl.		ob.		unt.	ob.
	α	β	γ1	γ2	γ3	δ1/2	δ3/4	ε1	ε2	ζ1/2	ζ3	ζ4-6

Terebratulida

	α	β	γ1	γ2	γ3	δ1/2	δ3/4	ε1	ε2	ζ1/2	ζ3	ζ4-6
Aulacothyris impressa	▓											
Argovithyris stockari	▓	▓										
Dictyothyropsis runcinata	▓	▓										
Loboidothyris gigas	▓	▓	▓									
Argovithyris baugieri	▓	▓	▓	▓	▓	▓						
Argovithyris sp.	▓	▓										
Argovithyris lucerna	▓	▓	▓									
Nucleata nucleata	▓	▓	▓	▓								
Ornithella lampadiformis	▓	▓	▓	▓								
Zittelina orbis	▓	▓										
Zittelina gutta	▓	▓										
Zittelina friesenensis	▓	▓	▓									
Argovithyris birmensdorfensis	▓	▓	▓	▓	▓	▓	▓					
Dictyothyris alba	▓	▓	▓	▓	▓	▓	▓					
Terebratulina substriata	▓	▓	▓	▓	▓	▓	▓					
Ornithella moeschi	▓	▓	▓	▓	▓	▓	▓					
Dictyothyropsis loricata	▓	▓	▓	▓	▓	▓	▓	▓				
Dictyothyris kurri	▓	▓	▓	▓	▓	▓	▓	▓	▓			
Placothyris rollieri	▓	▓	▓	▓	▓	▓	▓	▓	▓	▓		
Dictyothyropsis pectunculus	▓	▓	▓	▓	▓	▓	▓	▓	▓	▓		
Zeillerina humeralis		▓	▓	▓	▓	▓						
Colosia zieteni		▓	▓	▓	▓	▓	▓					
Habrobrochus subsella		▓	▓	▓	▓	▓	▓	▓				
Cheirothyris fleuriausa		▓	▓	▓	▓	▓	▓	▓	▓			
Loboidothyris subselloides			▓	▓	▓	▓						
Heterobrochus incultus			▓	▓	▓	▓	▓	▓				
Ornithella pseudolagenalis						▓	▓	▓	▓	▓	▓	▓
Ornithella waageni						▓	▓	▓	▓	▓	▓	▓
Dictyothyropsis? guembeli						▓	▓	▓	▓	▓		
Ismenia recta								▓	▓	▓		
Juralina insignis								▓	▓	▓	▓	▓
Ismenia pectunculoides									▓	▓	▓	▓
Ornithella pentagonalis									▓	▓	▓	▓
Terebratulina silicea									▓	▓	▓	▓

Stratigraphie der Fundorte

Als Hilfe für weniger erfahrene Sammler ist in der nachfolgenden Tabelle die ungefähre stratigraphische Reichweite von einigen der bekannteren Fundorte angegeben.

			Fundorte
Tithon	oberes	ζ	
	unteres		Geisstetten, Solnhofen/Eichstätt/Nattheim/Mergelstätten, Hienheim
Kimmeridge	oberes	ε	Kehlheim, Dürrbrunn, Painten, Marker/Harburg, Saal
	mittleres	δ	Treuchtlingen, Kaider, Magental
	unteres	γ	Harmannshof, Gräfenberg (Deuerlein), Geisingen, Bötingen/Bischberg/Laibarös/Dietfurt, Ludwag, Wendhausen, Marienhagen/Süntel/Hameln, Langenberg/Oker
Oxford	oberes	β	Sengenthal, Tiefenellern/Leutenbach, Drügendorf/Teuchatz
	unteres	α	

Systematik

Stellung der vorgestellten Gattungen in der Systematik:

Phylum Brachiopoda
Unterphylum Linguiformea
Klasse Lingulata
Ordnung Lingulida
Oberfamilie Linguloidea
Familie Lingulidae
Gattung *Lingula*
Oberfamilie Discinoidea
Familie Discinidae
Gattung *Discinisca*
Unterphylum Craniiformea
Klasse Craniata
Ordnung Craniida
Oberfamilie Cranioidea
Familie Craniidae
Gattung *Craniscus*
Unterphylum Rhynchonelliformea
Klasse Rhynchonellata
Ordnung Rhynchonellida
Oberfamilie Pugnacoidea
Familie Basiliolidae
Unterfamilie Lacunosellinae
Gattung *Lacunosella*
Oberfamilie Rhynchonelloidea
Familie Rhynchonellidae
Unterfamilie Ivanoviellinae
Gattung *Rhynchonelloidella*
Familie Acanthothirididae
Unterfamilie Acanthorhynchiinae
Gattung *Echinirhynchia*
Oberfamilie Norelloidea
Familie Norellidae
Unterfamilie Monticlarellinae
Gattung *Monticlarella*
Gattung *Capillirostra*
Oberfamilie Hemithiridoidea
Familie Cyclothyrididae
Unterfamilie Cyclothyridinae
Gattung *Septaliphoria*
Gattung *Torquirhynchia*
Familie Tetrarhynchiidae
Unterfamilie Tetrarhynchiinae
Gattung *Somalirhynchia*
Ordnung Terebratulida

Oberfamilie unsicher
Gattung *Isjuminelina*

Ordnung Thecideida
Oberfamilie Thecideoidae
Familie Thecideidae
Unterfamilie Lacazellinae
Gattung *Neothecidella*
Gattung *Parabifolium*

Unterordnung Terebratulidina
　Oberfamilie Terebratuloidea
　　Familie Terebratulidae
　　　Unterfamilie Terebratulinae
　　　　Gattung *Terebratula*
　Oberfamilie Loboidothyridoidea
　　Familie Loboidothyrididae
　　　Unterfamilie Loboidothyridinae
　　　　Gattung **Loboidothyris**
　　　　Gattung **Colosia**
　　Familie Dictyothyrididae
　　　　Gattung **Dictyothyris**
　　Familie Lobothyrididae
　　　Unterfamilie Lophrothyridinae
　　　　Gattung **Argovithyris**
　　Familie Postepithyrididae
　　　　Gattung **Habrobrochus**
　　　　Gattung **Juralina**
　　Familie Trigonithyrididae
　　　Unterfamilie Heterobrochinae
　　　　Gattung **Heterobrochus**
　　　Unterfamilie Psebajithyridinae
　　　　Gattung **Placothyris**
　Oberfamilie Dyscolioidea
　　Familie Nucleatidae
　　　　Gattung **Nucleata**
　Oberfamilie Cancellothyridoidea
　　Familie Cancellothyrididae
　　　Unterfamilie Cancellothyridinae
　　　　Gattung **Terebratulina**
Unterordnung Terebratellidina
　Oberfamilie Zeilleriodea
　　Familie Zeilleriidae
　　　Unterfamilie Zeilleriinae
　　　　Gattung **Aulacothyris**
　　　Unterfamilie Vectellinae
　　　　Gattung **Cheirothyris**
　　　　Gattung **Ornithella**
　　　　Gattung **Zeillerina**
　Oberfamilie Kingenoidea
　　Familie Kingenidae
　　　Unterfamilie Kingeninae
　　　　Gattung **Dictyothyropsis**
　　　　Gattung **Zittelina**
　Oberfamilie Laqueoidea
　　Familie Terebrataliidae
　　　Unterfamilie Gemmarculinae
　　　　Gattung **Ismenia**

Quelle: Treatise on Invertebrate Paleontology, H, Brachiopoda, Revised Edition, Volume 1-5, 2000 – 2006

Literatur

British Mesozoic Fossils, 6th edition, British Museum (Natural History), 1983

Childs, Alan 1969, Upper Jurassic Rhynchonellid Brachiopods from Northwestern Europe, Bulletin of the British Museum (Natural History) Geology, Supplement 6, London, 119 Seiten, 40 Bilder im Text, 12 Tafeln.

Cooper, G. A. 1983, The Terebratulacea (Brachiopoda)Triassic to Recent: A Study of the Brachidia (Loops), Smithsonian Contributions to Paleobiology Nr. 50, 454 Seiten, 77 Tafeln.

Davidson, A. 1851, A Monograph of British Oolitic and Liassic Brachiopoda, Part III, Palaeontographical Society, London, 18 Tafeln.

Davidson, A. 1874-1888, Monograph of the British Fossil Brachiopoda, Vol. IV, Tertiary, Cretaceous, Jurassic, Permian and Carboniferous Supplements; and Devonian and Silurian Brachiopoda that occur in the Triassic Pebble Bed of Budleigh Salterton in Devonshire, Palaeontographical Society, London, 1874-1882, viele Tafeln.

Fischer, J.-C. 1989, Fossiles de France et des régions limitrophes, Guides Géologiques Régionaux, Masson, viele Tafeln.

Fraas, E. 1910, Der Petrefaktensammler, Ein Leitfaden zum Bestimmen von Versteinerungen, Neudruck des Orig. von 1910, Lutz, Stuttgart, 1981, 138 Zeichnungen, 72 Tafeln.

Gerasimov, P.A. 1955, Die hauptsächlichen mesozoischen Fossilien des europäischen Teils der UdSSR (übersetzt aus dem russ.), Moskau

Haas, H. & Petri, C. 1882, Die Brachiopoden der Juraformation von Elsass-Lothringen Tafeln, Schultz, Strassburg, 18 Tafeln.

Haas, Hippolyt 1889, Krit. Beitr. z. Kenntnis der jurassischen Brachiopodenfauna des schweizerischen Juragebirges u. seiner angenzenden Landestheile, Abh. Schw. Pal. Gesell., Bd. 16, Zürich.

Haas, Hippolyt 1890, Brach. Schweiz. Jurageb., Abh. Schw. Pal. Gesell., Bd. 17, in-4⁰, Zürich.

Krawczynski, C. 2005, Representatives of the genus Craniscus DALL, 1871, from the Upper Oxfordian of Bielawy and Wapienno in Kujawy area, Volumina Jurassica, Vol. III, Institute of Geology, Faculty of Geology, Warsaw University, 10 Seiten, 2 Tafeln.

Krawczynski, C. 2008, The Upper Oxfordian (Jurassic) thecideide brachiopods from Kujawy area, Poland, Acta Geologica Polonica, Vol. 58 (2008), No. 4, pp. 395-406.

Minot, Jean-Michel, 2007, Les Brachiopodes du Jurassique du Poitou, DSNE-APGP Editions, ISBN 978-2-9529972-0-1, 256 Seiten, zahllose Abbildungen.

Mösch, Casimir 1867, Der Aargauer Jura und die nördlichen Gebiete des Kantons Zürich, Beiträge zur geologischen Karte der Schweiz, 4. Liefg., Bern.

Moore, R.C. & Kaesler, R.L. 1997, Treatise on Invertebrate Paleontology, Part H, Brachiopoda Revised, Volume 1: Introduction, The Geological Society of America & The University of Kansas, 539 Seiten.

Moore, R.C. & Kaesler, R.L. 2000, Treatise on Invertebrate Paleontology, Part H, Brachiopoda Revised, Volume 2: Linguliformea, Craniiformea, and Rhynchonelliformea (part), The Geological Society of America & The University of Kansas, 423 Seiten, Abbildung jeder Typusart.

Moore, R.C. & Kaesler, R.L. 2002, Treatise on Invertebrate Paleontology, Part H, Brachiopoda Revised, Volume 4: Rhynchonelliformea (part), The Geological Society of America & The Univ. of Kansas, 1688 Seiten, Abb. jeder Typusart.

Moore, R.C. & Kaesler, R.L. 2006, Treatise on Invertebrate Paleontology, Part H, Brachiopoda Revised, Volume 5: Rhynchonelliformea (part), The Geological Society of America & The Univ. of Kansas, 2320 Seiten, Abb. jeder Typusart.

d'Orbigny 1850-52, Prodrome de paléontologie stratigraphique universelle des Animaux Prodrome de paléontologie stratigraphique universelle des Animaux mollusques et rayonnés faisant suite au Cours élémentaire de paléontologie.

Quenstedt, F. A. 1852, Handbuch der Petrefactenkunde, Tübingen, 792 Seiten, 62 Tafeln.

Quenstedt, F. A. 1858, Der Jura, Band I & II, Nachdruck des Goldschneck-Verlag 1995, ISBN 3-926 129-01-8, Band I: 842 Seiten, Band II: 100 Tafeln.

Quenstedt, F. A. 1871, Petrefactenkunde Deutschlands, Tübingen u. Leipzig, 1.Abt. 2. Band, Die Brachiopoden, 748 Seiten.

Quenstedt, F. A. 1871, Atlas zu den Brachiopoden, Fues's Verlag Leipzig. 24 große Tafeln.

Richter, A.E. 1991, Geologie und Paläontologie: Das Mesozoikum der Frankenalb, Vom Ries bis ins Coburger Land, Gondrom, Bindlach, 224 Seiten.

Richter, A.E. 1991, Handbuch des Fossiliensammlers, Ein Wegweiser für die Sammlerpraxis, Kosmos, Stuttgart, 1991, 461 Seiten, ISBN 3-440-05004-1.

Richter, A.E. 2000, Geoführer Frankenjura, Geologische Sehenswürdigkeiten und Fossilienfundstätten, Ammon Rey Verlag Augsburg, 216 Seiten.

Roemer, F.A. 1836, Die Versteinerungen des norddeutschen Oolithen-Gebirges, Hahn'sche Hofbuchhandlung, Hannover, 16 Tafeln.

Roemer, F.A. 1839, Die Versteinerungen des norddeutschen Oolithen-Gebirges, Ein Nachtrag, Hahn'sche Hofbuchhandlung, Hannover, 5 Tafeln.

Rollier, Louis. 1915-19, Synopsis des Spirobranches (Brachiopodes) jurassiques Celto-Souabes. Deuxième Partie (Rhynchonellidés), Mémoires de la Société Paléontologique Suisse, Vol. 42, Genève, 1917. Troisième Partie (Terebratulidés), Vol. 43, 1918. Quatrième Partie (Zeilléridés-Répertoires), Vol. 44, 1919.

Rothpletz, August 1886, Geologisch-palaeontologische Monographie der Vilser Alpen, mit besonderer Berücksichtigung der Brachiopoden-Systematik, Palaeontographica Vol. 33, S.1-180, T.1-17,.

Rudwick, M.J.S. 1965, Adaptive homoeomorphy in the brachiopods Tetractinella Bittner and Cheirothyris Rollier, Paläont. Z., 39 3-4, S. 134-146, Stuttgart.

Schlosser, Max 1882, Die Brachiopoden des Kelheimer Diceras-Kalkes, Palaeontographica, N.F. VIII, 4 u. 5 XXVIII.

Schlotheim, E.F. Baron von 1820, Die Petrefactenkunde, Becker'sche Buchhandlung, Gotha, (diverse Tafeln in den Nachträgen zur Petrefactenkunde).

Schrüfer, Theodor 1863, Die Lacunosa-Schichten von Würgau, Sechster Berich der naturforschenden Gesellschaft zu Bamberg, für das Jahr 1861-62, Wissenschaftliche Mittheilungen (ohne Abb.).

Schülke I., Ebert J., Mellor M., Ebert J., Luboldt K. 1993, Ökophänotypische Variation von Epithyris subsella (Terebratulida; Malm), Göttinger Arb. Geol. Paläont., 58, Walliser-Festschrift, S. 123-134, 17 Abb., 1 Tafel.

Shi, Xiao-ying & Grant, Richard E. 1993, Jurassic Rhynchonellids: Internal Structures and Taxonomic Revisions, Smithsonian Contr. to Palaeobiology 73: 190 Seiten, 18 Tafeln.

Sulser, H. 1999, Die fossilen Brachiopoden der Schweiz und der angrenzenden Gebiete Juragebirge und Alpen, Paläont. Inst. U. Museum der Univ. Zürich, 315 Seiten, sehr viele Brachiopodenzeichnungen.

Winkler, A. 1986, Jura-Fossilien erkennen und bestimmen I, Brachiopoden, Fossilien Zeitschrift für Hobbypaläontologen, Goldschneck, Sonderheft 1, März 1986: 20-34.

Westphal, Klaus 1970, Die Terebratulidae (Brachiopoda) des tieferen Weißjura der Schwäbischen Alb, Jber. u. Mitt. oberrh. geol. Ver., N.F. 52, S. 33-70, Stuttgart, 4 Tafeln.

Wiśniewska, Marja A. 1932, Les Rhynchonellidés du Jurassique sup. De Pologne, Palaeontologica Polonica, T. II, No. 1, 1932, Warszawa, 71 S., 6 Tafeln.

Zieten, C.H. 1830-34, Die Versteinerungen Württembergs, Stuttgart, 12 Hefte, 72 Tafeln.

Zittel, Karl A. 1870, Ueber den Brachial-Apparat bei einigen jurassischen Terebratuliden u. über eine neue Brachiopodengattung Dimerella, Palaeontographica, Vol. 17, S. 211-222.

Index der Fossilnamen

Acanthorhynchia 51
aculeata 97
acuta 31, 33
alba 51, 52, 71, 95
amstettensis 30
antiqua 61
Argovithyris 74
armata 20
arolica 22, 59
asteriana 56
asterieformis 56
Aulacothyris 96
baltzeri 81
baugieri 76
bauhini 85
bernardina 96
bicanaliculata 80
billodensis 114
bipartita 20
bipartitus 20
birmensdorfensis 73, 74, 75, 77
bisuffarcinata 63, 67, 74, 75, 80
bouei 91
breviplicata 74
britaensis 97
Capillirostra 51
cervicula 85, 87
Cheirothyris 97
cincta 81
coarctata 71
Colosia 63, 67
corallina 19, 53, 55
corallinus 19
cracoviensis 24
Crania 19, 20, 21
dealbata 51
decorata 59
dichotoma 46
Dichotomasella 46
Dictyothyris 71, 108
Dictyothyropsis 106
difformis 56
Digonella 99
dilatata 22, 27, 35
Discinisca 18
dissimilis 56
Echinirhynchia 51

engeli 63, 67
Epithyris 81
exaltata 39
farcinata 67
feldstettensis 85
finkelsteini 51
fleuriausa 97
friesenensis 114
fuerstenbergensis 47
furcatella 47
gessneri 67
gigas 63
girardoti 99
Glossothyris 91
guembeli 107
gutta 113
Habrobrochus 81
hassi 81
helvetica 27
Heterobrochus 85
hossingensis 63
humeralis 104
impressa 96
impressae 51, 52
impressula 114
inaequilaetera 40
inaequiplicata 74
inconstans 55, 56
incultus 85
indentata 85
insignis 63, 85
intermedia 20
Isjuminela 59
Isjuminelina 59
Isjuminella 59
Ismenia 106, 116
Juralina 63, 85, 104
Juralina sp. 88
Kingena 111, 113, 114
kurri 73
lacunosa. 24, 25, 27, 31, 33, 34, 35, 37, 38, 39, 40, 46, 59
Lacunosella (D.) 46
Lacunosella (L.) 22
lagenalis 85
lampadiformis 98
lampas 98

ledonica 99
Lingula 18
Loboidothyris **63**, 67, 78, 79, 81, 89
Lobothyris 81
lochensis 74
Lophrothyris 81
loricata 106
loricatus 106
lucerna **78**, 79
marmorea 95
media 35, 39
Megerlea .. 97, 106, 107, 108, 111, 113, 116, 117
Megerlia 107, 108
Microthyris 101
minor 95
moeschi 27, 44, **55**, **99**
Moeschia 67, 81
Monticlarella **47**, 51
moravica 55
multicostata 27
multiplicata **27**, 40
Neothecidella 61
Neotrigonella 97
nucleata **91**, 115
Nucleata 91
Orbicula 18
orbis 111
Ornithella 44, 104
oxonica 81
Parabifolium 62
parviloba 48
parvula 104
pauciplicata 47
pectuncula 108
pectunculoidea 116
pectunculoides 53, **116**, 117
pectunculus 108
pentaëdra 102
pentagonalis **101**, 104
pinguis 44, **53**
Placothyris 89
polita 37
porosa 21
porosus 21
Praelacazella 61
priscum 62
prosimilis **25**, 27
pseudoacuta 33
pseudodecorata 59

pseudolagenalis 103
pseudosella 81
pullirostris 53
Pygope 91
quinqueplicata 59
recta 117
reticularis 73
reticulata 73
Retzia 73
Rhynchonellina 50, 51
Rhynchonelloidella 47
Rhynchonellopsis 51
rollieri 50, 73, **89**
rostrata 27
runcinata 110
savignacensis 48
Sellityhris 81
senticosa 51
senticosus 51
Septaliphoria 44, **53**, 56
silicea 38, 51, **52**, **95**
Siphonaria 19
Somalirhynchia 55
sorlinensis 99
sparsicosta **31**, 35, 44
speciosa 44, **56**
squamifera 85
stockari 77
Stolmorhynchia 40
striatula 93
striocincta **50**, 51
strioplanata 47
strioplicata 47
subformosa 81
sublaevis 47
subselia 65, **81**, 85
subselloides **65**, 81
subsimilis 25, **29**
substriata **93**, 95
suevica 20
tegulata 116
tenuiplicata 47
Terebratella73, 102, 106, 107, 108, 116
Terebratulina 93
Thecidea 61
Thecidella 61
Torquirhynchia 44, **56**
Trichorhynchia 40
trigonella 97
Trigonella 97, 108

Die Brachiopoden des deutschen Malm 131

Trigonellina 106, 107, 108, 110	velatus... 21
trilobata................................ **40**, 56	ventroplana 104
trilobataeformis 34, **40**, 44	visulica 27, **44**
triloboides 48	Vjalovithyris 91
trimedia.. 108	waageni.. 102
tripartita 20	Waldheimia .. 91, 96, 97, 101, 102, 103, 104, 114
tripartitus... 20	
trisignata....................................... 113	Xestosina 81
truncata 106, 107	Zeilleria 81, 97, 99, 101, 103, 104
ulmensis **61**, 67, 89	Zeillerina.......................................104
undosa.. 81	zeta 18
vaga..30, **43**	zieteni 63, 67
velata.. 21	Zittelina 102, **111**

Bildnachweis:

Sofern nicht anders angegeben alle Zeichnungen und Fotos: Jürgen Höflinger

Sofern nicht anders angegeben alle auf Fotos abgebildeten Fossilien:
Slg. Jürgen Höflinger.

Auf Fotos abgebildete Fossilien mit der Kennzeichnung „Slg. NHG Nürnberg" stammen aus der geologischen Sammlung der Naturhistorischen Gesellschaft Nürnberg. (www.nhg-nuernberg.de)

Auf Fotos abgebildete Fossilien mit der Kennzeichnung „Slg. Greifeneder" stammen aus der Sammlung von Dr. Dietmar Greifender aus Villingen-Schwenningen.

Auf Fotos abgebildete Fossilien mit der Kennzeichnung „Slg. Neumann" stammen aus der Sammlung von Armin Neumann† aus Nürnberg.

Auf Fotos abgebildete Fossilien mit der Kennzeichnung „Slg. Wegener" stammen aus der Sammlung von Bernd Wegener aus Ellrich.

Auf Fotos abgebildete Fossilien mit der Kennzeichnung „Slg. Rümpelein" stammen aus der Sammlung von Peter Rümpelein aus Nürnberg.

Auf Fotos abgebildete Fossilien mit der Kennzeichnung „Slg. Weißmüller" stammen aus der Sammlung von Matthias Weißmüller aus Berg bei Neumarkt Opf.

Alle weiteren historischen Abbildungen stammen aus Veröffentlichungen, die inzwischen nicht mehr dem Urheberrecht unterliegen.

Bestimmung von Brachiopoden

Tipps für Sammler, die nicht die professionellen Möglichkeiten zur Analyse der inneren Merkmale des Brachiopodengehäuses haben

Alle Bücher mit zahlreichen Fotos von Belegstücken in 4 Ansichten, historischen Abbildungen, Zeichnungen und Tabellen

juergen.hoeflinger@o2online.de
juergen.hoeflinger.jimdo.com

www.ingramcontent.com/pod-product-compliance
Lightning Source LLC
Chambersburg PA
CBHW070251230526
45470CB00002B/564